Sourav Das

Espuma de alumínio reforçada com grafeno para o sector automóvel e aeroespacial

Sourav Das

Espuma de alumínio reforçada com grafeno para o sector automóvel e aeroespacial

Deformação de alta taxa de deformação da espuma metálica Gr-Al

ScienciaScripts

Imprint

Cover image: www.ingimage.com

This book is a translation from the original published under ISBN 978-620-2-05946-6.

Publisher:
Sciencia Scripts
is a trademark of
Dodo Books Indian Ocean Ltd. and OmniScriptum S.R.L publishing group

120 High Road, East Finchley, London, N2 9ED, United Kingdom
Str. Armeneasca 28/1, office 1, Chisinau MD-2012, Republic of Moldova, Europe
Printed at: see last page
ISBN: 978-620-7-89160-3

Índice

Resumo

As espumas de alumínio estão a tornar-se um material potencial para aplicações multifuncionais porque são leves e têm uma excelente combinação de propriedades físicas e mecânicas e de características de atenuação de ruído e vibração. Devido à sua estrutura celular, apresenta uma excelente capacidade de amortecimento, absorção de som e ruído, absorção de energia de choque e impactos. As aplicações da espuma metálica para absorção de energia e resistência ao choque exigem o conhecimento da sua resposta à deformação por compressão a várias taxas de deformação. As propriedades da espuma metálica dependem das propriedades mecânicas da parede celular e da sua microestrutura. As propriedades da parede celular foram melhoradas através da adição de nanoplaquetas de grafeno como reforço à espuma de Al. Esta investigação está relacionada com o estudo do comportamento compressivo quase-estático e a resposta a altas taxas de deformação sob carga compressiva dinâmica na espuma de Al com grafeno. Os resultados experimentais mostram que o pico, a tensão de patamar e a absorção de energia da espuma reforçada são muito superiores aos da espuma não reforçada. O comportamento à compressão a alta taxa de deformação da espuma de grafeno Al foi estudado utilizando o aparelho de barra de pressão Hopkinson dividido. Verificou-se que a tensão de pico, a tensão de patamar e a absorção de energia da espuma de grafeno-alumínio aumentam à medida que a taxa de deformação aumenta numa gama de taxas de deformação de 500 s^{-1} a 2760 s^{-1} . Assim, a espuma de grafeno-alumínio é sensível à taxa de deformação, a tensão de patamar e a absorção de energia na espuma de grafeno-alumínio aumentam cerca de duas vezes e três vezes, respetivamente, em comparação com a espuma não reforçada.

Capítulo 1

Introdução

As espumas metálicas estão a tornar-se um material potencial para aplicações multifuncionais devido à sua leveza e à excelente combinação de propriedades físicas e mecânicas (1). Devido à sua estrutura celular, apresentam uma excelente capacidade de amortecimento, absorção de som e ruído, absorção de energia de choques e impactos (2-6). Têm sido feitas tentativas para utilizar estas espumas como núcleo de painéis sanduíche, tubos cheios de espuma para aplicações estruturais, entre outras. As espumas de célula aberta são excelentes materiais para permutadores de calor, conversores catalíticos, filtros, etc. As espumas de alumínio de célula fechada mantêm a resistência ao fogo e a capacidade de reciclagem de outras espumas metálicas, mas acrescentam a capacidade de flutuar na água. Está a ser dada atenção à utilização destes materiais para pavimentos de navios, automóveis, comboios e veículos de defesa. Dependendo das aplicações, o carácter das espumas é importante. Para aplicações de absorção de choques e de absorção de energia de impacto, o comportamento de deformação a altas taxas de tensão destas espumas é uma caraterística importante a examinar. Desde a última década, tem sido dada uma atenção considerável ao desenvolvimento de materiais metálicos porosos e/ou celulares para uma vasta gama de aplicações, com especial referência à absorção de energia de choque e à gestão térmica. Verificou-se que estas espumas metálicas contêm uma porosidade que varia entre 50% e 95%. Dos diferentes sistemas metálicos, a maior parte do trabalho foi efectuada em alumínio e suas ligas. Em todo o mundo, foram envidados esforços consideráveis para o desenvolvimento de processos de fabrico de espumas metálicas à base de alumínio, Ti, Ni, aço e cobre, com o objetivo de obter uma distribuição uniforme dos poros com uma gama de tamanhos e um nível de porosidade controlados. A espuma metálica pode suportar um impacto súbito e é capaz de converter grande parte da energia do impacto em energia plástica e absorve mais energia do que o material a granel por unidade de peso. Devido a estas propriedades, é utilizada como material de absorção de energia elevada em embalagens de protectores de colisão, painéis de portas, capô dianteiro, para-choques, painéis de tejadilho, capotas e elementos da estrutura da carroçaria, etc. A gama de aplicações da espuma metálica está a aumentar de forma constante de dia para dia. Ao definir mais claramente o significado de espuma metálica, é necessário distinguir o significado literal de metal celular. O material celular é definido como um corpo metálico que possui qualquer tipo de vazios gasosos. Os vazios gasosos estão separados pelo corpo metálico. O material celular pode ser dividido em três grupos: metal poroso, espuma metálica e esponja metálica. A figura 1 mostra o diagrama esquemático dos diferentes grupos de materiais celulares. O metal poroso é um tipo especial de material celular em que os poros são redondos por natureza e isolados uns dos outros. A espuma metálica é um tipo especial de material celular que tem origem no metal líquido e que pode ter qualquer forma, desde esférica a poliédrica, estando separada entre si por uma fina película metálica. A esponja metálica ou espuma de células abertas é também um tipo especial de material celular em que os poros estão interligados.

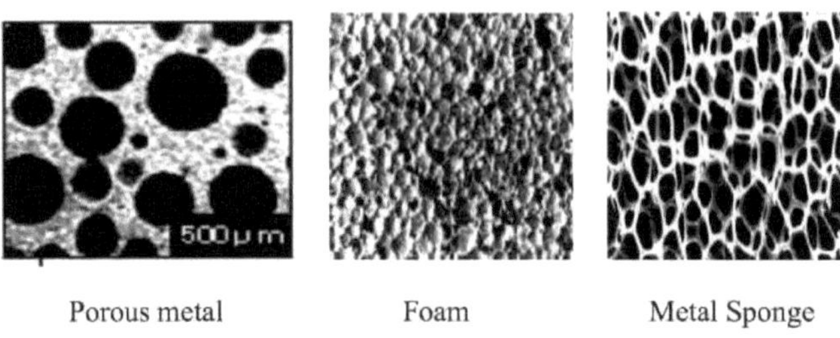

Figura. 1.1 Classificação do material celular

As aplicações de espuma metálica para absorção de energia e resistência ao choque exigem o conhecimento da sua resposta à compressão a várias taxas de deformação (7-10). Muitos investigadores neste domínio realizaram vários estudos no passado, mas existem opiniões contraditórias. Este facto deve-se principalmente às diferentes estruturas da espuma, à densidade da espuma e aos defeitos nas paredes celulares. Entre as várias propriedades, a absorção de energia de impacto parece ser uma propriedade importante conferida pela espuma de alumínio. A capacidade de absorção de energia da espuma de alumínio depende da área sob a curva tensão-deformação. Uma das principais aplicações da espuma de alumínio de poros fechados é a caixa de choque. A espuma de alumínio é inserida numa parte oca da caixa de choque para aumentar a capacidade de absorção de energia. Atualmente, o crash box tem uma secção oca e propõe-se que a inserção de espuma de Al de poros fechados na parte oca aumente consideravelmente a capacidade de absorção de energia do crash box (11-15).

A caixa de colisão, que está localizada na estrutura lateral dianteira do automóvel, é uma das peças automóveis mais importantes para a absorção da energia de colisão. No caso de um acidente de colisão frontal, por exemplo, espera-se que a caixa de colisão colapse, absorvendo a energia da colisão antes das outras partes da carroçaria, de modo a minimizar os danos na estrutura principal da cabina e a salvar os passageiros. A capacidade de absorção de energia da espuma de Al depende da área sob o gráfico tensão-deformação real; por conseguinte, para obter uma maior capacidade de absorção de energia da espuma de Al, esta deve ter uma região de tensão de planalto alargada. As aplicações de espuma metálica para absorção de energia e resistência ao choque exigem conhecimentos sobre a sua resposta à deformação por compressão a várias taxas de deformação (16-17).

Tendo em conta este facto, estão a ser feitos recentemente trabalhos preliminares para aumentar a resistência das paredes celulares através da dispersão de nanotubos de carbono (18-19). Foi referido que a espuma de grafeno é utilizada para a oxidação da água (20) e para a aplicação em sensores (21).

Tanto quanto é do nosso conhecimento, este estudo é a primeira tentativa de desenvolver e estudar a resposta mecânica da espuma de Al reforçada com grafeno sob carga estática e dinâmica. No entanto, a literatura recente refere que o reforço de 0,3% em peso de grafeno numa liga sólida de Al aumenta a resistência da matriz da liga em 62% (22). O grafeno é carbono puro sob a forma de folhas com um átomo de espessura. Estima-se que o grafeno seja 200 vezes mais forte do que o aço, seja tão flexível como a borracha e conduza o calor e a eletricidade de forma extremamente eficiente. Além disso, como tem apenas um átomo de espessura, é quase bidimensional, o que lhe confere muitas propriedades interessantes relacionadas com a luz e a água. O grafeno não é uma substância natural. Apesar de ter sido teorizado pelos físicos desde os anos 60, só foi produzido pela primeira vez em 2004. Nessa altura, os métodos de produção tornavam a utilização do grafeno proibitivamente dispendiosa; no entanto, na última década, académicos e investigadores de empresas fizeram grandes progressos na redução dos custos de produção. E à medida que esses custos diminuem a cada ano que passa, o grafeno está pronto para revolucionar os campos da medicina, eletrónica, computação e muito mais. O grafeno é uma rede hexagonal de átomos de carbono fortemente ligados entre si. A sua hibridação sp2 - uma ligação dupla entre os átomos de carbono, juntamente com a sua espessura atómica especialmente fina, alimentam as suas propriedades especiais.
O grafeno é uma monocamada de átomos de carbono dispostos numa estrutura em favo de mel e tem uma condutividade eléctrica e térmica superior à do cobre. A sua mobilidade eletrónica à temperatura ambiente é de até 200 000 cm^2 /(V-s). Acredita-se que a sua capacidade de conduzir eletricidade e calor de forma tão eficaz se deve ao facto de as ligações de carbono serem muito pequenas e fortes. Sendo composto por átomos de carbono singulares, o grafeno é também tão fino que é efetivamente bidimensional, para além de ser extremamente leve. Além disso, o material também pesa menos de 1 miligrama por metro quadrado. As vantagens do grafeno estão intimamente ligadas às suas propriedades, que o tornam extremamente atrativo como matéria-prima para produzir uma grande variedade de bens comerciais. Em suma, as principais vantagens do grafeno são o facto de ser altamente condutor - 200 vezes mais condutor do que o silício, e também conduz o calor de forma muito eficiente; suficientemente fino para ser considerado um material 2D; transparente; forte, aproximadamente 200 vezes mais forte do que o aço; leve; e flexível, mantendo a sua força e condutividade. O grafeno utilizado nesta experiência é de grau H fornecido pela empresa líder mundial em grafeno - XG Sciences World- Leading (www.xgsciences.com). As partículas de grau H têm uma espessura média de aproximadamente 15 nanómetros e uma área de superfície típica de 50 a 80 m^2/g, com diâmetros médios de partículas de 5 microns.

Espera-se que a incorporação de nanoplaquetas de grafeno em matrizes metálicas possa conduzir a nanocompósitos de matriz metálica (MMNCs) de desempenho ultra-elevado. No entanto, é muito difícil incorporar e dispersar eficazmente nanoplaquetas de grafeno em metais para obter MMNCs reforçados com nanoplaquetas de grafeno a granel. Este problema deve-se às grandes áreas de superfície das nanoplaquetas e à elevada energia de superfície que conduzem facilmente a aglomerações. Até à data, foram publicados poucos trabalhos sobre MMNCs reforçadas com nanoplaquetas de grafeno de elevado desempenho (23-25).

Na presente investigação, o compósito de liga de Al-SiC e as espumas compósitas de liga de Al-SiC-grafeno foram estudados sob carga de compressão. Inicialmente, tanto a espuma composta de Al-SiC como a espuma composta de Al com grafeno foram estudadas sob carga quase estática utilizando uma máquina servo-hidráulica a taxas de deformação de $0,001s'^{1}$ a $1s^{\wedge 1}$. Foi observado o efeito do grafeno no aumento da resistência à compressão e, em seguida, foi efectuado um estudo pormenorizado apenas no compósito de liga de Al com grafeno em condições de carga dinâmica utilizando a unidade Split Hopkinson Pressure Bar (SHPB) com taxas de deformação de $500s^{-1}$ a $2760s'^{1}$.

Capítulo 2

Revisão da literatura

BARRA DE PRESSÃO HOPKINSON DIVIDIDA

2.1 Teoria da barra de pressão de Hopkinson dividida (SHPB)

2.1.1. SHPB clássico

Em 1941, Bancroft [26] relatou a distorção de impulsos longitudinais em cilindros elásticos resultante do efeito da inércia lateral. A conclusão foi que apenas os modos fundamentais do impulso longitudinal devem ser considerados. Em 1982, Gorham [27] investigou um método numérico para correção da dispersão em sinais de barras de pressão. Ele removeu os efeitos da dispersão modelando a propagação de ondas de tensão em barras de pressão usando relações teóricas de dispersão. Este método ajudou a corrigir problemas de SHPB. Follansbee [28] continuou a estudar o problema da propagação de ondas no SHPB, concentrando-se na origem e na natureza das oscilações. Três oscilações podem ser removidas dos registos dos strain gages para melhorar as curvas tensão-deformação. Em 1990, Gong e Malvern [29] voltaram ao problema da dispersão, que se situa no topo dos impulsos principais. Utilizaram a Transformada Rápida de Quatro (FFT), uma série de Fourier, para construir os esquemas numéricos e, em seguida, aplicaram-nos a amostras de betão ensaiadas. Os resultados recolhidos mostraram poucas oscilações nas curvas tensão-deformação, verificando a vantagem do método. Em 1994, Lifshitz e Leber [30] apresentaram princípios básicos de análise de dados para obter respostas precisas de tensão-deformação e apontaram a influência da velocidade do som nos seus resultados.

2.1.2. Equações fundamentais

A utilização da técnica SHPB para determinar as relações tensão-deformação de qualquer material baseia-se no princípio da propagação de ondas elásticas unidimensionais (1D) [31] Os subscritos 1 e 2 designam as interfaces entre a barra incidente e o provete, e o PROVETE e o material transmitido.

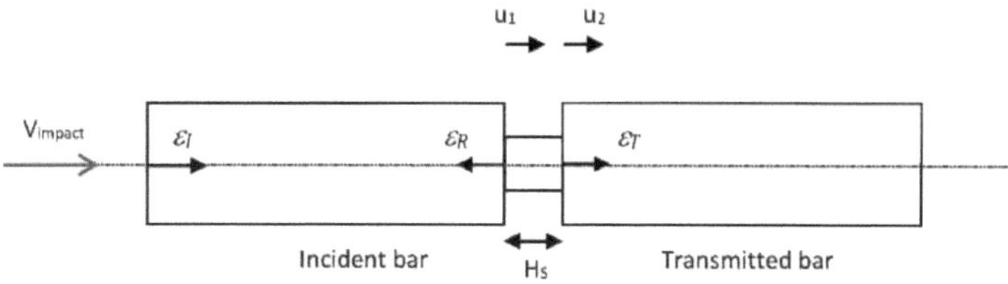

Figura.2.1 Análise SHPB 1-D tradicional

A barra incidente e a solução da equação (1) são dadas utilizando

O método de D'Alembert é o seguinte:

$$u_1 = f\,(x - c_{OB}t) + g\,(x + c_{OB}t) = u_I + u_R \qquad (2)$$

Onde f e g são funções arbitrárias.

Estirpe em barra de incidentes: $\varepsilon_1 = \frac{\partial u^1}{\partial x} = f' + g' = \varepsilon_I + \varepsilon_R$ (3)

A velocidade das partículas na interfacc incidente-espécime é:

$$\dot{u}_1 = \frac{\partial u^1}{\partial t} = -f'.\, c_{OB} + g'.\, c_{OB} = c_{OB}\,(g' - f') = c_{OB}\,(\varepsilon_R - \varepsilon_I) \qquad (4)$$

Para a barra transmitida, a solução da equação (1) é dada pela utilização de

O método de D'Alembert é o seguinte:

$$u_2 = h\,(x - c_{OB}t), \qquad (5)$$

Onde h é uma função arbitrária. Tensão na barra transmitida:

$$\varepsilon_2 = \frac{\partial u^2}{\partial x} = h' = \varepsilon_T$$

A velocidade das partículas na interface provete-transmissão é:

$$\dot{u}_2 = \frac{\partial u^2}{\partial t} = -c_{OB}.\, \varepsilon_T \qquad (7)$$

Se a propagação da onda de tensão elástica no provete for negligenciada, [32] fornece a taxa de deformação média no provete:

$$\dot{\varepsilon}_s = \frac{(\dot{u}_1 - \dot{u}_2)}{H_s} = \frac{c_{OB}}{H_s}(-\varepsilon_I + \varepsilon_R + \varepsilon_T) \qquad (8)$$

Em que Hs é o comprimento instantâneo do provete.

De acordo com [32], as forças nas barras incidente e transmitida são:

$$F_1 = A_B E_B\,(\varepsilon_I + \varepsilon_R) \qquad (9)$$

E

$$F_2 = A_B E_B \varepsilon_T \qquad (10)$$

Em que A_B é a área da secção transversal das barras incidente e transmitida, E_B é o módulo de elasticidade das barras.

Se as forças nas superfícies frontal e traseira do provete estiverem num estado de equilíbrio ($F_1 = F_2$), então:

$$\varepsilon_I + \varepsilon_R = \varepsilon_T \qquad (11)$$

Substituindo (11) em (8), a taxa de deformação média no provete é

$$\dot{\varepsilon} := \frac{2c_{OB}\varepsilon_R}{H_S} \qquad (12)$$

A tensão real média no provete é dada por

$$\sigma(t) = \frac{A_B E_B \varepsilon_T}{A_S} \qquad (13)$$

Em que, A_S é a área da secção transversal instantânea do provete.

As expressões para a tensão de engenharia média e a deformação de engenharia do provete:

$$\sigma_s(t) = \left(\frac{A_B E_B}{A_{SO}}\right) . \varepsilon_t(t) \qquad (14)$$

$$\varepsilon_s(t) = \left(\frac{2c_{OB}}{H_{SO}}\right) . \int^t \varepsilon_R(t)dt \qquad (15)$$

2.1.3. Pressupostos para um ensaio SHPB válido

Gama [33] e Gray [34] analisam os pressupostos necessários para o ensaio SHPB. Basicamente, as soluções [35] e [36] para a tensão e deformação médias de engenharia no provete são resolvidas seguindo o princípio da propagação de ondas elásticas 1-D, pelo que o sistema de barras SHPB (barras incidente e transmitida) deve ter características específicas para gerar a propagação de ondas elásticas 1-D durante o ensaio. Para satisfazer esta condição, é necessário que a propagação da onda de tensão 1-D ocorra num varão fino e longo com características homogéneas, isotrópicas, linearmente elásticas e uniformes na secção transversal ao longo de todo o comprimento das barras incidente e transmitida. Além disso, para garantir a propagação da onda 1-D na amostra, a condição de equilíbrio de tensões indicada na Eq.11 deve ser alcançada. Além disso, para obter uma resposta dinâmica 1-D válida de uma amostra, é necessário obter uma taxa de deformação constante na amostra.

2.1.4. Métodos de fabrico de espumas de alumínio

Existem muitos métodos de processamento que são atualmente utilizados para fabricar espumas. Estes incluem a espumação de líquidos fundidos, precursores metálicos, espumação de compactos de pó e lingotes contendo agentes de expansão. Os processos de fabrico de espuma metálica podem ser classificados em dois grupos: métodos de formação de espuma direta e indireta. O método de formação de espuma direta é um método de processamento no estado líquido. Estes processos partem de um metal fundido que contém partículas cerâmicas uniformemente dispersas, nas quais são injectadas bolhas de gás diretamente, ou geradas quimicamente pela decomposição de um agente de expansão (por exemplo, hidreto de titânio, cálcio), ou pela precipitação de gás dissolvido na massa fundida através do controlo da temperatura e da pressão. No entanto, o controlo da dimensão dos poros é bastante difícil de conseguir. Para este efeito, podem ser utilizados principalmente ar, vapor de água ou qualquer gás inerte. Geralmente, são utilizados para este fim o ar, o oxigénio, o azoto e o árgon. Para a produção industrial de espumas metálicas, são utilizados os três métodos. No entanto, a decomposição do agente espumante no líquido fundido permite um controlo estrutural superior aos outros dois. O método de espumação indireta ou os métodos de processamento no estado sólido são processos metalúrgicos em pó que requerem a preparação de precursores espumáveis que são subsequentemente espumados por aquecimento. O precursor espumável consiste numa compactação densa de pós, em que as partículas de agente de expansão estão uniformemente distribuídas na matriz metálica.

2.1.5. Formação de espuma por metais líquidos

As espumas metálicas podem ser produzidas através da criação de bolhas de gás no líquido, desde que a massa fundida tenha sido preparada de forma a que a espuma emergente seja estável durante o processo de formação de espuma. Isto pode ser feito através da adição de pós finos de cerâmica ou elementos de liga à massa fundida, que formam uma massa fundida estabilizadora, ou por outros meios.

Atualmente, existem três formas conhecidas de formação de espuma em metais fundidos: (i) injeção de gás no metal líquido, (ii) libertação do gás por adição e dissociação do agente de expansão à temperatura do metal fundido e (iii) precipitação do gás dissolvido

2.1.6. Formação de espuma por injeção de gás de fusão Borbulhamento de ar

Varia de 10% a 20%, e o tamanho médio das partículas varia entre 5 μm e 20 μm. Este processo permite a produção de espumas de células fechadas de placas de 1 m de largura a 0,2 m de espessura (37). O primeiro método de fabrico de alumínio e ligas de alumínio fundido baseia-se na injeção de gás no metal fundido (Figura 2.3). A Alcan N. Hydro Aluminum, na Noruega, e a Cymat Corporations, no Canadá, são os fabricantes que aplicam este método para produzir espumas de alumínio. Durante este processo, são utilizadas partículas de SiC, de óxido de alumínio ou de óxido de magnésio para aumentar a viscosidade do metal líquido e ajustar as suas propriedades de formação de espuma, uma vez que os metais líquidos não podem ser facilmente espumados através de ar borbulhante. A drenagem do líquido pelas paredes das bolhas ocorre rapidamente e as bolhas colapsam. No entanto, se uma pequena percentagem destas partículas for adicionada à massa fundida, o fluxo do metal líquido é suficientemente impedido para estabilizar as bolhas. Na fase seguinte, o gás (ar, árgon ou nitrogénio) é injetado no alumínio fundido através da utilização de impulsores rotativos especiais ou eixo de injeção de ar ou bicos vibratórios, que constituem bolhas de gás na fusão e as distribuem uniforme e facilmente através da fusão (Gibson e Simone 1997). O metal de base é geralmente uma liga de alumínio.

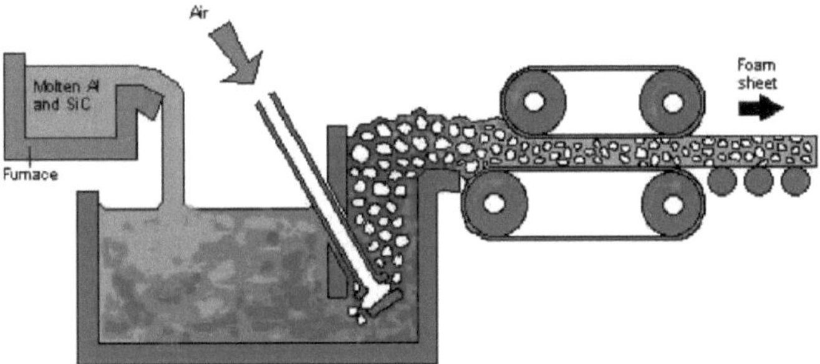

Figura.2.2 Fabrico de espuma de Al pelo método de injeção de gás de fusão.

A espuma é relativamente estável devido à presença de partículas de cerâmica na massa fundida. A mistura viscosa resultante das bolhas e da massa fundida flutua até à superfície do líquido, onde se transforma em espuma líquida seca à medida que o metal líquido se escoa. É utilizada uma correia transportadora para retirar a espuma da superfície do líquido, que é depois deixada a arrefecer e solidificar. Muitos reforços não metálicos reagem com o metal fundido, incluindo a alumina, o carboneto de boro, o carboneto de silício, o nitreto de silício e o nitreto de boro, mas o carboneto de silício é o material preferido na prática. O carboneto de silício reage com o alumínio fundido e forma carboneto de alumínio e silício. Foi estabelecido que a taxa desta reação pode ser reduzida para um nível aceitável, mantendo a fusão a uma temperatura relativamente baixa durante a mistura, revestindo as partículas e inibindo a reação através do aumento do teor de Si da fusão de alumínio. O processo de formação de espuma de alumínio fundido por injeção de gás é o mais barato de todos os outros e o único que tem sido utilizado como produção contínua. Os painéis de espuma podem ser produzidos a taxas de até 900 kg/hora. A densidade típica, o tamanho médio das células e a espessura da parede celular são 0,069-0,54 g/cm3, 3-25 mm e 50- 85 µm, respetivamente.

O tamanho médio das células, a espessura média da parede celular e a densidade podem ser ajustados através da variação dos parâmetros de processamento, incluindo a taxa de injeção de gás e a velocidade do eixo rotativo. A principal desvantagem deste processo é a fraca qualidade das espumas produzidas. O tamanho das células é grande e muitas vezes irregular, e as espumas tendem a ter um gradiente de densidade acentuado. Embora tenham sido desenvolvidos vários métodos para melhorar o desenho da espuma, a distribuição do tamanho dos poros continua a ser difícil de controlar. O material espumado é utilizado diretamente com uma superfície exterior fechada ou é cortado na forma pretendida após a formação da espuma. Embora com um elevado teor de partículas cerâmicas, a maquinação destas espumas pode ser problemática.

2.1.7. Produtos fundidos para formação de espuma com agentes de expansão

A adição de um agente de expansão à massa fundida é a forma de espumar as massas fundidas. O agente de expansão decompõe-se sob a influência do calor e liberta gás, que impulsiona o processo de formação de espuma. A Shinko Wire Co., Amagasaki (Japão) utiliza este método de produção de espuma desde 1986 (38, 39). O método é apresentado esquematicamente na Fig.2.4. Na primeira fase da produção de espuma, cerca de 1,5wt.% de cálcio é adicionado à fusão de alumínio a 680 °C. A fusão é então agitada durante vários minutos, durante os quais a viscosidade da fusão aumenta continuamente por um fator de até 5 devido à formação de óxidos, por exemplo CaAl2O4, que engrossam o metal líquido. Efeitos da fração volumétrica de cálcio e do tempo de agitação na viscosidade de uma fusão de Al. Ao atingir uma viscosidade óptima da fusão, adiciona-se hidreto de titânio numa quantidade tipicamente de 1,6 wt.%, que actua como um agente de expansão de acordo com a seguinte reação:

$$\mathbf{TiH_2\ (s) \rightarrow Ti\ (s) + H_2\ (g)}$$

A fusão começa a expandir-se lentamente e enche gradualmente o recipiente de formação de espuma. Todo o processo de formação de espuma pode demorar 15 minutos para um lote típico de cerca de 0,6 m^3 . Depois de arrefecer o recipiente abaixo do ponto de fusão da liga, a espuma líquida transforma-se em espuma de alumínio sólida e pode ser retirada do molde para processamento posterior.

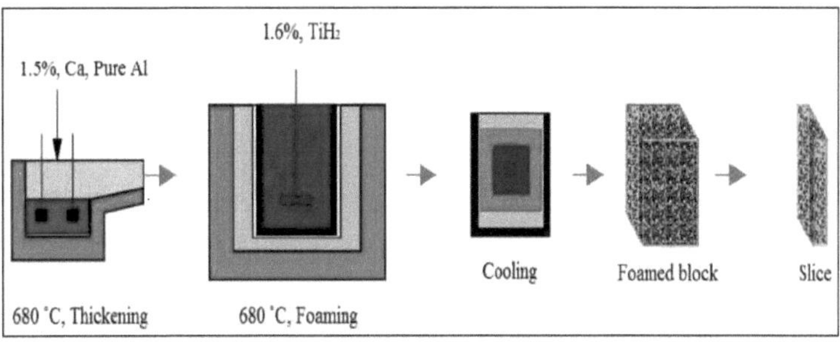

Fig. 2.3. As etapas do processo de formação de espuma de alumínio como agente de libertação

A espuma de alporas fabricada desta forma tem uma estrutura de poros muito uniforme e não requer a adição de partículas de cerâmica, o que torna a espuma frágil. No entanto, o método é mais dispendioso do que a formação de espuma fundida pelo método de injeção de gás, devido à necessidade de equipamento de processamento mais complexo.

2.1.8. Decomposição de partículas libertadoras de gás em semi-sólidos

O processo começa com a mistura de pós metálicos - pós metálicos elementares, pós de ligas ou misturas de pós metálicos - com um agente de expansão em pó, após o que a mistura é compactada para formar um produto denso e semi-acabado (Figura 2.5). Para além dos hidretos metálicos (por exemplo, TiH_2, ZrH_2), os carbonatos (por exemplo, carbonato de cálcio, carbonato de potássio, carbonato de sódio e bicarbonato de sódio), os hidratos (por exemplo, hidrato de sulfato de alumínio e hidróxido de alumínio) ou substâncias que se evaporam rapidamente também podem ser utilizados como agente de expansão. As técnicas de compactação incluem compressão uni-axial ou isostática, extrusão de barras ou laminagem de pó. A extrusão pode ser utilizada para produzir uma barra ou placa e ajuda a quebrar as películas de óxido nas superfícies dos pós metálicos. O agente espumante decompõe-se e o material expande-se devido às forças gasosas libertadas durante o processo de aquecimento (350-450^0 C), formando-se assim uma estrutura altamente porosa. Vários grupos, nomeadamente o IFAM em Bremen, Alemanha, o LKR em Randshofen, Áustria, e o Neuman-Alu em Marktl, Áustria, desenvolveram esta abordagem (40). O processo de fabrico do precursor deve ser efectuado com muito cuidado, uma vez que a porosidade residual ou outros defeitos conduzirão a maus resultados durante o processamento posterior. O material precursor pode ser transformado em folhas, varetas, perfis, etc., através de técnicas convencionais. A mistura de pós, pó metálico e agente espumante, foi compactada a frio e extrudida para obter um material metálico sólido contendo uma dispersão de agente espumante em pó. Quando este sólido foi aquecido até à temperatura de fusão do metal, o agente espumante decompõe-se para libertar gás no metal fundido, criando uma espuma metálica. Durante este processo, o arrefecimento da espuma é um problema, uma vez que após o aquecimento do precursor para a formação de espuma, a fonte de calor pode ser desligada rapidamente. No entanto, o metal ainda estaria quente e é suscetível de voltar a colapsar em metal fundido antes de solidificar. O arrefecimento com água ou o aquecimento da espuma apenas localmente pode evitar este problema; no entanto, o problema pode tornar-se um desafio significativo para a produção fiável de espuma. A espuma tem uma estrutura de célula fechada com diâmetros de poros na gama de 1 mm a 5 mm.

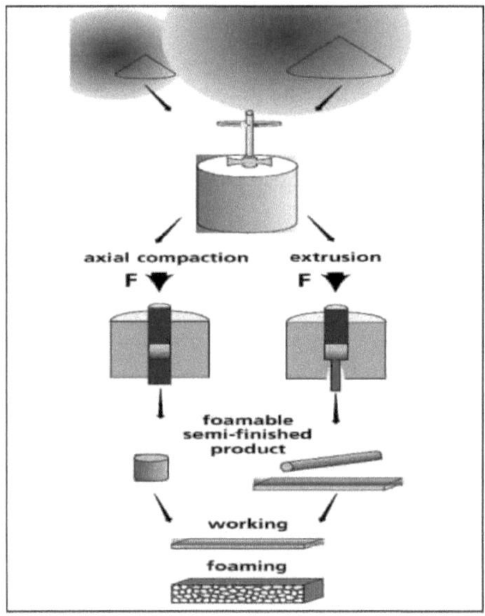

Figura 2.4. Diagrama esquemático do processo de formação de espuma em pó compacto (Processo Alulight)

2.1.9. Estabilidade das espumas metálicas

As espumas são sistemas instáveis porque a sua grande superfície faz com que a energia esteja longe de um valor mínimo. As espumas podem, portanto, ser, no máximo, metaestáveis, decaindo constantemente a uma determinada taxa. As espumas aquosas e não aquosas são estabilizadas por tensioactivos que formam uma monocamada densa numa película de espuma. Esta camada reduz a tensão superficial, aumenta a viscosidade da superfície e cria forças electrostáticas (as chamadas forças de disjunção) para evitar o colapso de uma película de espuma. As espumas metálicas têm de ser estabilizadas por meios diferentes porque não existem tensioactivos e as forças electrostáticas são observadas nos metais. Tal como a água, os fundidos metálicos puros não podem ser espumados, mas são necessários aditivos que actuem como estabilizadores para criar espuma.

Por conseguinte, pode dizer-se que a espuma é (cineticamente) estável se não sofrer alterações consideráveis no intervalo de tempo entre a conclusão do processo de sopro e a solidificação. As forças que actuam na espuma são: (i) gravidade, (ii) pressão atmosférica externa e pressão interna do gás, (iii) forças mecânicas, (iv) forças da fase metálica. Qualquer desequilíbrio entre estas forças conduzirá a um movimento da espuma. As alterações na morfologia da espuma podem ser classificadas de acordo com os termos apresentados na Fig. 2.2. Esta morfologia pode ser explicada em mais pormenor como física das espumas. A física das espumas inclui muitos fenómenos associados ao seu nascimento, vida e morte, sendo a formação de bolhas considerada como o nascimento das espumas e a drenagem como a sua morte. O fluxo pode ser definido como o movimento das bolhas em relação umas às outras por forças externas ou alterações na pressão interna do gás, por exemplo, durante a formação de espuma. A drenagem é uma das forças motrizes para a instabilidade temporal das espumas metálicas fundidas. Para as espumas aquosas habituais, este fenómeno é bem analisado e compreendido, tanto a nível experimental como teórico.

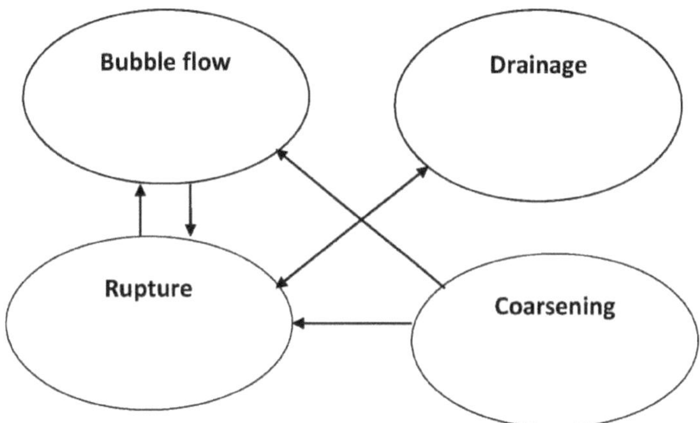

Figura. 2.5 Parâmetros que afectam a morfologia da espuma

A situação é diferente para as espumas metálicas. Devido à sua natureza opaca, a observação da drenagem só é possível medindo a distribuição da densidade das amostras solidificadas *ex-situ* ou por radioscopia de raios X ou de neutrões. Até à data, existe apenas um estudo teórico que descreve o comportamento de drenagem de espumas metálicas, incorporando a equação de drenagem, a dependência da temperatura da viscosidade e o transporte térmico. Durante a formação de uma espuma de células fechadas, a espuma líquida estável equilibra a tensão superficial na interface líquido-gás e o peso das paredes das células líquidas com a pressão do ar no interior das células. Um simples equilíbrio de forças indica que um aumento na pressão do ar diminui o tamanho da célula. Nas bordas das células, onde as paredes celulares se encontram, as forças de tensão superficial fazem com que a interface líquido-gás seja curvada num arco chamado borda do platô. Isto faz com que a pressão do fluido na borda da célula seja menor do que na parede celular, atraindo o líquido das paredes celulares para as bordas da célula. As forças gravitacionais provocam então a drenagem do líquido através dos bordos celulares. Durante a drenagem, as bordas do Plateau diminuem de tamanho e as paredes celulares da espuma líquida tornam-se mais finas. Num líquido puro, sem impurezas, a tensão superficial é geralmente demasiado forte para ser equilibrada e a parede celular rebenta imediatamente. Para que a espuma líquida se torne estável, a interface líquido-gás em cada célula deve ser alterada de modo a reduzir a influência da tensão superficial. Uma espuma líquida pode ser estabilizada através da introdução de um tensioativo que reduz a energia superficial da interface líquido-gás ou através do aumento da viscosidade da camada superficial. Uma parede celular numa espuma líquida estabilizada drena até atingir uma espessura crítica e depois pára. A espuma líquida completamente drenada, chamada espuma seca, tem paredes celulares de espessura quase uniforme e pequenas bordas de Plateau

2.1.10. Comportamento de deformação por compressão da espuma de Al

Nos últimos anos, tem havido um interesse considerável na utilização de espumas metálicas leves para componentes estruturais e peças de absorção de energia nas indústrias automóvel, ferroviária e aeroespacial (41-43). Nestas aplicações, a espuma é sujeita a uma elevada taxa de deformação. A conceção destes componentes exige uma caraterização completa das suas propriedades mecânicas numa vasta gama de taxas de deformação. As propriedades mecânicas quase estáticas das espumas de liga de alumínio, tais como a resistência à compressão, a resistência à tração e o módulo de elasticidade, foram amplamente estudadas e revistas (4447). No entanto, os trabalhos relacionados com condições dinâmicas têm sido relativamente limitados devido à dificuldade em caraterizar o comportamento de alta taxa de deformação das espumas de liga de alumínio (48). Uma máquina servo-hidráulica é comum e conveniente, mas está limitada a taxas de deformação mais baixas (inferiores a 10s^1ec). Pode ser utilizado um ensaio de impacto de queda de peso para diferentes geometrias de espécimes

e permite uma fácil variação da taxa de deformação. No entanto, o sistema é muito sensível às condições de contacto entre o pêndulo e o espécime (49). A curva tensão-deformação compressiva das espumas de liga de Al, quer em compressão quase-estática quer em compressão dinâmica, apresenta três regiões de deformação distintas: uma região inicial linear-elástica; uma região plana de planalto com uma tensão de escoamento quase constante, podendo por vezes observar-se um ponto de pico superior e um ponto de pico inferior; e uma região de densificação final que representa o colapso das células numa massa compactada. Estas características de deformação das espumas de liga de Al são semelhantes às de outras espumas metálicas (50-51-46).

As espumas metálicas também demonstraram a sua utilidade em aplicações de resistência ao choque e à explosão (52). Para utilizar espumas metálicas em aplicações de resistência ao choque e à explosão, é necessário estudar o material da espuma em condições de carga dinâmica, o que exige que a Split

Unidade de ensaio Hopkinson Pressure Bar. No passado recente, vários investigadores estudaram a espuma de Al com diferentes taxas de deformação, desde a quase-estática até à taxa de deformação elevada, ou seja, na gama de 0,0001s -1 a 5000s -1 (53-65). Observou-se que os seus resultados são contraditórios. Alguns investigadores estudaram o comportamento de deformação por compressão da espuma de Al e concluíram que a resistência à compressão é independente da taxa de deformação (53-56). No entanto, alguns investigadores estudaram a espuma de Alumínio a diferentes taxas de deformação e referiram que a resistência plástica aumenta com a taxa de deformação (57-62,64). Wang et al [65] desenvolveram o modelo constitutivo elasto-plástico da espuma de liga de alumínio sujeita a cargas de impacto. Recentemente, foi demonstrado interesse no estudo do comportamento à compressão de espuma sintáctica (6669) e de estruturas preenchidas com espuma (70-78).

2.1.11. Aplicação de espuma de alumínio

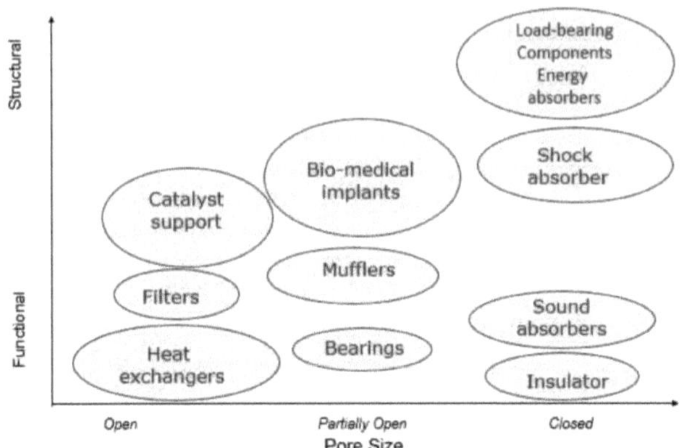

Figura. 2.6. Aplicações de metais celulares agrupadas de acordo com o grau de "abertura" necessário e com o facto de a aplicação ser mais funcional ou estrutural.

A natureza importante destas espumas metálicas é o facto de possuírem uma excelente resistência específica. Por conseguinte, as espumas de alumínio, magnésio ou titânio ou os metais porosos são preferidos para essas aplicações. Para aplicações médicas, o titânio pode ser preferido devido à sua compatibilidade com os tecidos. O aço inoxidável ou o titânio são necessários para aplicações que envolvam meios agressivos ou temperaturas elevadas. A figura 2.6 mostra a aplicação de espuma de Al agrupada de acordo com a abertura.

2.1.12. Aplicações estruturais

Os materiais leves com elevada rigidez são frequentemente desejados para várias aplicações. Os produtos padrão existentes no mercado, como os painéis alveolares, utilizam uma estrutura celular como núcleo e chapas de revestimento soldadas ou coladas para proporcionar as propriedades desejadas. São normalmente baratos, mas têm algumas desvantagens, uma vez que não podem ser curvados, resistir a temperaturas elevadas devido à cola nem ser reciclados. As sanduíches de espuma de alumínio (AFS) e as sanduíches de espuma de alumínio e aço (SAS) são produtos promissores para aplicações estruturais e já se encontram no mercado. Os painéis AFS são utilizados como estruturas de suporte, por exemplo, para painéis solares, espelhos, etc., e onde são necessários painéis metálicos leves e rígidos. A maioria dos clientes prefere fornecer o material sob a forma de painéis e fabricar eles próprios os seus produtos. Muitas vezes, até mantêm em segredo o seu campo de aplicação inovador para garantir uma vantagem competitiva para os seus produtos no mercado. Um bom exemplo são as máquinas industriais, onde as vigas e colunas preenchidas com espuma são rígidas, mas leves. Com uma inércia reduzida, podem ser movidas rapidamente e posicionadas com precisão. Exemplos disso são as máquinas industriais de perfuração, fresagem, têxteis, corte, impressão, prensagem ou corte. Além disso, o amortecimento do sistema e de, por exemplo, uma ferramenta vibratória adicional pode melhorar o desempenho na precisão do posicionamento e do desgaste, reduzir os problemas de fadiga e aumentar a vida útil operacional. Um exemplo de uma aplicação para uma fresadora de alta velocidade (Fig. 2.7) da Niles-Simmons (Chemnitz, Alemanha) em cooperação com o Fraunhofer-Institut fur Werkzeugmaschinen und Umformtechnik (IWU, Chemnitz, Alemanha) (79)

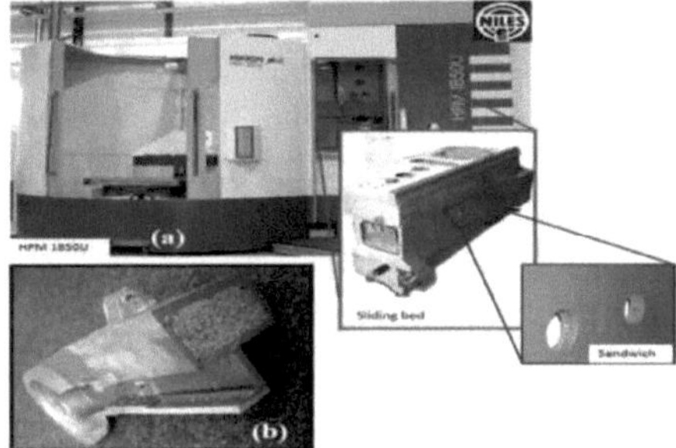

Figura 2.7 (a) Cama deslizante de uma fresadora feita de sanduíche de espuma de alumínio soldada (cortesia de Thomas Hipke, IWU, Chemnitz, Alemanha); e (b) uma viga de uma máquina têxtil preenchida com espuma Alporas (cortesia da Au Metallgieβerei, Sprockhovel, Alemanha). (79)

O leito deslizante é feito de 11 peças AFS soldadas e a construção é 28% mais leve do que a última peça com a mesma rigidez, mas melhorando o amortecimento das vibrações. São fabricadas cerca de 15 peças por ano. Esta peça tem 1590 mm × 280 mm × 160 mm e proporciona uma redução de 60% na amplitude da frequência de ressonância. A produção é de ~1000 peças por ano. Um conceito semelhante de material híbrido foi aplicado a um protótipo de coluna de ferramentas da Universidade Técnica de Praga para uma máquina de corte (Modelo Prisma S) da TOS Varnsdorf s.a. (Varnsdorf, República Checa), na qual está integrado um núcleo de espuma Alporas.

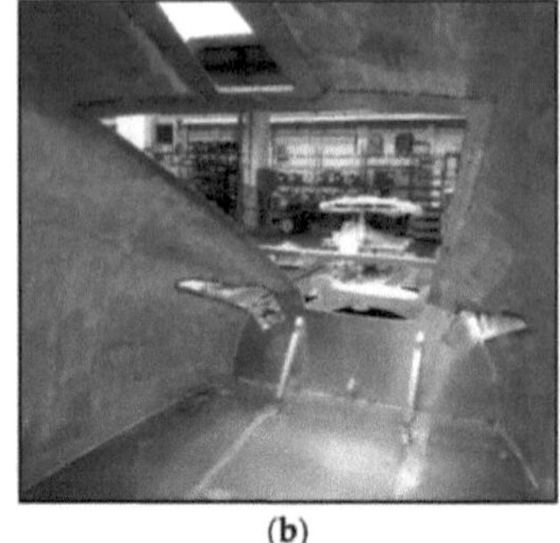

(a) (b)

Figura 2.8. (a) Um protótipo de ICE de comboio alemão de alta velocidade feito de sanduíche de espuma de alumínio soldada; e (b) vista do interior do baixo número de componentes necessários (cortesia de Thomas Hipke, IWU, Chemnitz, Alemanha e Voith Engineering, Chemnitz, Alemanha). (79)

Podemos encontrar protótipos de redução do ruído aerodinâmico na indústria ferroviária, por exemplo, nos pantógrafos do comboio Shinkansen no Japão (Fig. 2.8). Neste caso, a espuma de Al de célula aberta é utilizada para suavizar a forma da cabeça do pino e o seu suporte e cobertura. Estão também em discussão aplicações para a redução do ruído aerodinâmico das turbinas a jato dos aviões.

2.1.13. Aplicações funcionais

Existe no mercado uma vasta gama de aplicações funcionais baseadas em espumas metálicas. Mais uma vez, uma abordagem polivalente tem as melhores hipóteses de oferecer um produto competitivo ou único. Os tectos de auditórios ou de grandes salas são muitas vezes revestidos com chapas metálicas perfuradas para controlo do som. Como alternativa a este material de construção tradicional, já se encontram disponíveis no mercado aplicações de painéis de espuma metálica para absorção sonora, oferecidas por diferentes empresas.

Na superfície aberta da espuma, as ondas sonoras são guiadas e redireccionadas para o interior da espuma, onde são captadas e descarregadas após várias reflexões (Fig. 2.9). A distribuição do tamanho dos poros e as diferentes orientações permitem um amortecimento muito eficaz num amplo espetro de frequências. Estas aplicações poderiam ser consideradas também como arquitectónicas, mas incluímo-las aqui porque a sua principal função é a absorção do som. Combinam a vantagem da leveza e da capacidade de auto-sustentação de grandes painéis de espuma metálica feitos de espumas de células abertas ou de espumas de células fechadas apenas cortadas, com uma componente de design.

Figura 2.9 (a) sala de audiências, (b) restaurante coberto com espuma Allusion para controlo do som (cortesia de Cymat) (79)

Outras aplicações de absorção sonora feitas com espumas Alporas fornecidas pela Shinko Wire (cidade de Amagasaki, Japão) podem ser encontradas em carris de comboios, túneis de metro, elevadores, na parte inferior de uma autoestrada elevada, etc. Produtos mais recentes, também baseados em espumas Alporas, foram desenvolvidos pela Foamtech (Daegu, Coreia) e aplicados em salas de concerto, salas de conferência, auditórios, centros desportivos e paredes e tectos de salas de máquinas e de operações de instalações industriais como absorventes acústicos não inflamáveis. Outras aplicações podem ser encontradas na indústria naval, onde, por exemplo, a prevenção do ruído da casa das máquinas, do tubo de escape de combustão e do sistema de limpeza do ar é proporcionada por paredes interiores espumadas entre cabinas.

As espumas metálicas são também utilizadas pela Foamtech para a absorção do som nos túneis de metro, nos caminhos-de-ferro e nas paredes dos túneis e das estações, onde têm de suportar grandes variações de pressão do ar e vibrações, sendo ao mesmo tempo não inflamáveis.

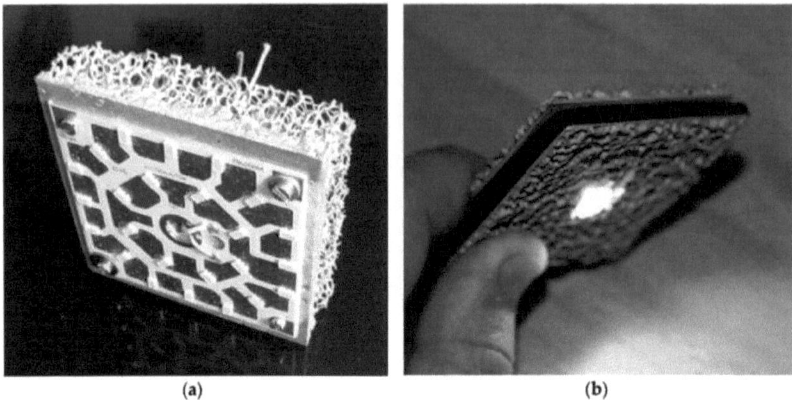

Figura 2.10 Arrefecimento térmico passivo de lâmpadas LED feitas de espuma de células abertas de Al: (a) espuma de células abertas de Al da M-pore (cortesia da M-pore); e (b) AFS cortada da Universidade Técnica de Berlim (79).

As aplicações biomédicas são outro domínio de interesse. Neste domínio, os produtos de alta qualidade à base de espumas de Ti oferecem excelentes propriedades de biocompatibilidade. A tendência vai na direção de estruturas porosas para melhorar a osteointegração. Uma tomografia de um implante dentário à base de Ti (Fig. 2.11) mostra a sua estrutura porosa. Embora o Ti seja bastante difícil de espumar, podem ser criadas estruturas semelhantes a espuma através de diferentes métodos de produção. Este domínio deve ser explorado mais profundamente no futuro.

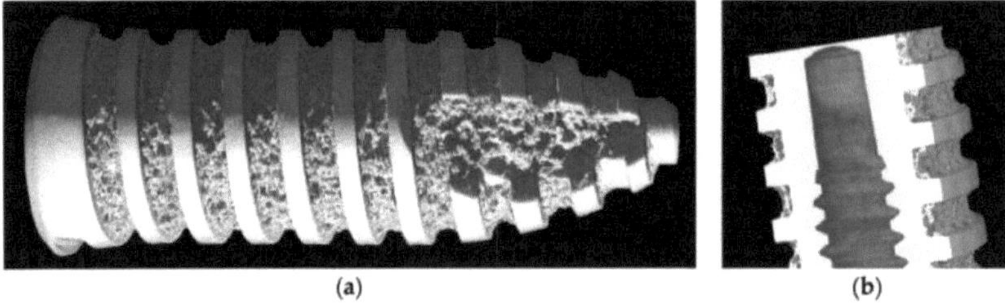

Figura 2.11 (a) Tomografia de um implante dentário poroso à base de Ti para melhorar a osteointegração; e (b) pormenor da estrutura interna e da superfície porosa (cortesia de Louis-Philippe Lefebvre). (79)

2.1.14. Aplicações de espumas metálicas produzidas por via da metalurgia líquida

- Em muitos casos, o alumínio esponjoso provou ser um bom material de absorção de energia. Pode ser utilizado para almofadas de segurança em sistemas de elevação e transporte e também em máquinas de retificação de alta velocidade, utilizando o alumínio esponjoso como absorvente de energia.
- O alumínio esponjoso também é adequado para formar as zonas deformáveis das carroçarias dos automóveis à frente e atrás do compartimento dos passageiros, de modo a melhorar a segurança dos ocupantes do automóvel
- A Shinko Wire, no Japão, é o fabricante de espuma de alumínio que desenvolveu uma ferramenta de elevação a vácuo fabricada com espuma de alumínio através de metalurgia líquida (ALPORAS). A ferramenta é utilizada para elevar painéis de vidro produzidos no processo de vidro flutuante. A substituição da parte totalmente em alumínio pela espuma Alporas levou a uma redução de peso de 82 para 32 kg, possibilitando o fácil manuseamento manual da ferramenta.

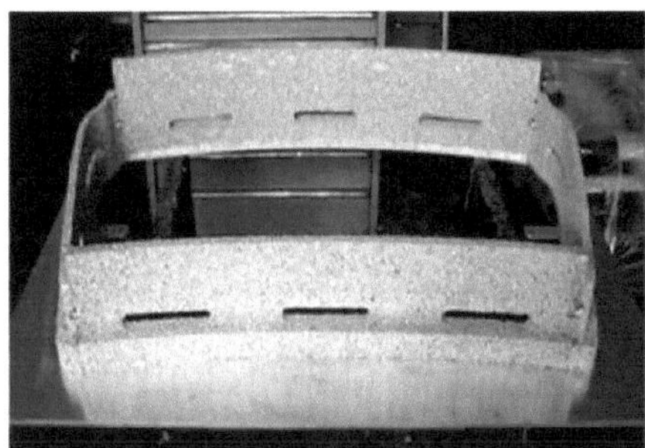

Figura. 2.12. Ferramenta de elevação por vácuo para a Pilkington com um anel de espuma de alumínio alporo (79)

- *A Alright* (Áustria) está atualmente a produzir um elemento de colisão para um automóvel Audi com 100 000 peças por ano. (80)
- *A Alcoa* (EUA) é um novo participante no mercado de espuma de alumínio. Eles estão produzindo espuma contínua de alumínio e possibilitam a redução do custo da espuma.
- Outra peça de espuma de alumínio de células fechadas em produção é a viga mostrada na Figura. Contém dois núcleos de espuma Alporas envoltos numa liga de alumínio fundido produzida por fundição a baixa pressão. A peça é utilizada em máquinas de corte e fresagem

e serve como estrutura de suporte de carga com uma boa capacidade de amortecimento de vibrações.

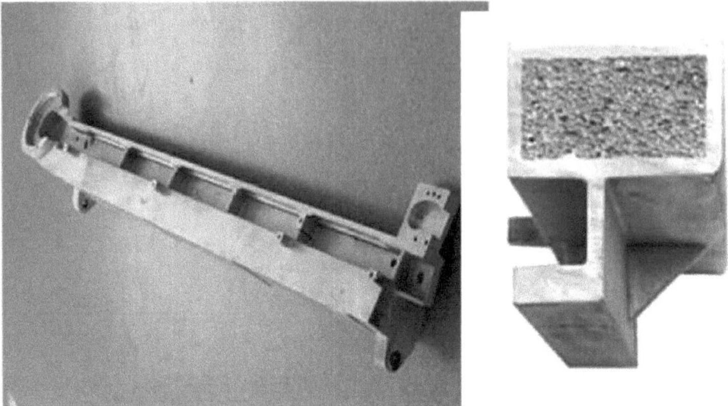

Figura. 2.13 Alporas de espuma metálica feita de espuma de alumínio de colisão elemento na ponta dianteira do chassis de um automóvel de competição. [80]

2.1.15. Aplicações de espumas metálicas produzidas por via da metalurgia do pó

1. A Boeing (EUA) avaliou a utilização de grandes peças em sanduíche de espuma de titânio fabricadas pela técnica de aprisionamento de gás e de sanduíches de alumínio com núcleos de espuma de alumínio para os braços da cauda dos helicópteros.
2. A espuma de cobre com uma densidade de 5 a 10% tem sido considerada melhor do que a borracha para amortecer os choques
3, Os materiais filtrantes metálicos mais utilizados são o bronze poroso e o aço inoxidável poroso
4. Para aplicações espaciais, foi considerada a utilização de espumas de ligas altamente reactivas mas muito leves, como as espumas de Li- Mg. As experiências demonstraram que a espuma de liga de Ni-Cr preenchida com um compósito lubrificante sólido pode ser utilizada com êxito nas vedações de contacto de um gerador rotativo num motor de turbina a gás

5. As espumas cerâmicas são normalmente fabricadas por técnicas de replicação (por exemplo, utilizando uma espuma de polímero como forma) ou por espumação direta de um líquido no qual está disperso um pó cerâmico.

6. As aplicações das espumas cerâmicas incluem filtros para operações de fundição de metais, queimadores de meio poroso e armadilhas para emissões de partículas diesel

7. As espumas à base de fosfato de cálcio estão a ser desenvolvidas para aplicações biomédicas, nomeadamente para materiais de enxerto ósseo e suportes para a engenharia de tecidos ósseos.

8. Walther et al. apresentaram um processo para produzir espumas de Fe-Ni-Cr-Al resistentes a altas temperaturas, utilizando a deposição e a sinterização em fase líquida transitória de partículas finas pré-ligadas em tiras finas de espuma de níquel disponíveis no mercado.

9. Espumas resistentes ao calor utilizando a deposição de vapor de Al e Cr (aluminização e cromização) em tiras de espuma de níquel, seguida de um tratamento de homogeneização para produzir espumas de Ni-Cr e Ni-Cr-Al.

10. Desenvolvimento de titânio poroso para a produção de implantes dentários

Figura. 2.14. Protetor de colisão num modelo de automóvel de competição construído por estudantes da Universidade de Tecnologia de Stralsund, Alemanha; a) vista do automóvel com o invólucro frontal retirado. [80]

11. O revestimento poroso fino em espumas metálicas pode ser utilizado no desenvolvimento de vários tratamentos novos e melhorados (ou seja, aumento ósseo, fusão de vértebras sem enxertos para o tratamento de doenças degenerativas, etc.).
doenças do disco, por exemplo).

Figura. 2.15. Revestimento de titânio poroso numa cúpula acetabular para substituição da anca (Cortesia do National Research Council Ca4rnada, Industrial Materials Institute) (80)

12. Materiais de células abertas: -. A Vale Inco produz espumas de célula aberta de níquel Os eléctrodos para baterias NiMH e NiCd são provavelmente as maiores aplicações industriais de espumas metálicas.

Capítulo 3

Instalação experimental

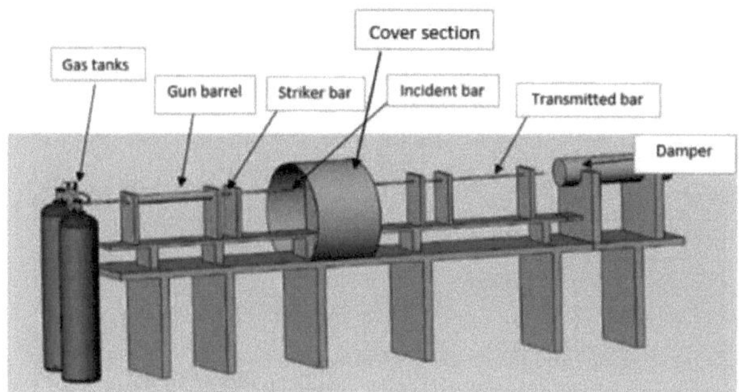

Figura 3.1: Esquema de um modelo CAD típico de uma divisória de compressão Hopkinson

Pressão ©

Aparelho de barras concebido em UG-NX_Sourav Das

3.1 Visão geral do SHPB

Neste estudo, foi utilizado um aparelho SHPB de alumínio, ilustrado nas Fig. 3.1 a Fig. 3.3, para investigar as propriedades dinâmicas da espuma compósita GR-alumínio numa gama de taxas de deformação. Quando a pistola de gás é lançada, a barra de impacto bate na barra incidente, provocando uma onda de compressão elástica que se desloca na barra incidente em direção à amostra. Quando a impedância das amostras é inferior à das barras, uma onda de tração elástica é reflectida na barra incidente; ao mesmo tempo, uma onda de compressão elástica é transmitida para a barra transmitida. Os strain gages montados no meio das barras incidente e transmitida recolhem estas ondas das barras incidente e transmitida, respetivamente. A resposta do provete, incluindo a tensão e a deformação médias de engenharia, é calculada utilizando as equações (14) e (15).

Figura 3.2: Aparelho SHPB visto da extremidade da barra transmissora

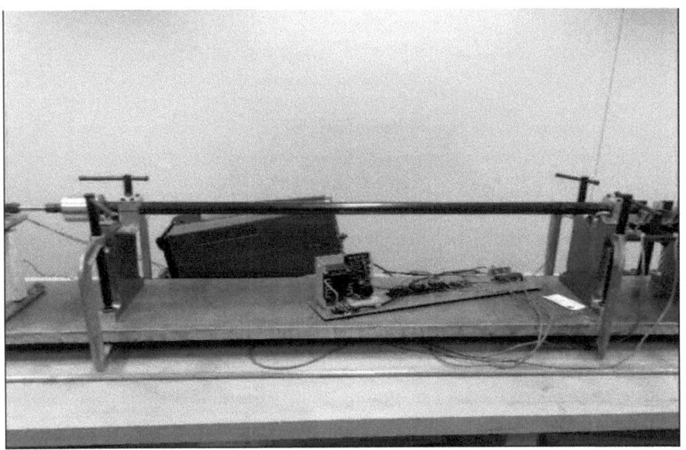

Figura 3.3: Aparelho SHPB visto da extremidade da barra de pressão

3.1 Pormenores do SHPB

O aparelho SHPB é composto por quatro partes principais:

- Conjunto de lançador de gás
- Conjunto da barra de pressão
- Sistema de aquisição de dados

- Sistema de amortecimento

3.2.1 Montagem do lançador de gás

O SHPB funciona com gás comprimido, pelo que este conjunto é de importância crucial para todo o aparelho SHPB. Inclui os seguintes componentes principais: Válvula solenoide, reservatórios de pressão, regulador de pressão e cano da pistola de gás.

Válvula solenoide

A Fig. 3.4 apresenta uma vista de uma válvula solenoide de ação rápida. Está relacionada com duas botijas de azoto comprimido através de tubagem selada e regulador de pressão, como se mostra na Fig. 3.5 e na Fig. 3.6, respetivamente. A pressão de funcionamento do valor é de cerca de 2000 psi. A função de uma válvula solenoide é descrita da seguinte forma. O sistema de controlo computorizado abre a válvula solenoide; o gás nitrogénio comprimido é expandido para o cano da pistola de gás (ver Fig. 3.8) e força a barra atacante para fora. Quando a barra de pressão atinge a extremidade do cano da pistola, bloqueia os feixes de laser que brilham no sensor, na extremidade do cano da pistola. A interrupção da barra de percussão pelo raio laser provoca uma alteração da tensão registada no sistema.

Ao reconhecer a existência da barra de pressão, o sistema de controlo fecha automaticamente a válvula solenoide, para impedir a libertação do azoto comprimido.

Figura 3.4: Válvula solenoide

Reservatórios de pressão

Dois reservatórios de alta pressão estão ligados através de tubagem selada e regulador de pressão, como se mostra na Fig. 3.5. O tanque preto na Fig. 3.5 é um reservatório que armazena gás nitrogénio comprimido com uma pressão máxima de 3000 Psi. O depósito azul é utilizado para atingir a pressão desejada, ajustando o regulador de pressão.

Figura 3.5: Dois reservatórios de pressão

Regulador de pressão

Como se mostra na Fig. 3.6, o regulador de pressão inclui um manípulo de ajuste da pressão e um manómetro de saída (à esquerda) e um manómetro de entrada (à direita). Mostra a pressão atual no reservatório (manómetro de entrada) e também mostra o valor atual da pressão ou limita a pressão de saída para a válvula solenoide (manómetro de saída). Utilizando o manípulo de regulação da pressão para atingir a pressão desejada quando o caudal de entrada é igual ao caudal de saída entre dois reservatórios, o caudal de gás é automaticamente cortado para se conformar com a pressão ideal. A pressão de libertação pode ser ajustada até um valor máximo de 2000 psi, que é a pressão de trabalho segura da válvula solenoide. Devido a fugas, depois de o controlo ser definido para a pressão desejada, a pressão pode começar a diminuir; por conseguinte, é necessário verificar novamente a pressão antes do disparo.

Figura 3.6: Reguladores de pressão

Cano da arma

O cano da pistola ou tubo de lançamento, na Fig. 3.7, é um dos componentes cruciais para a geração de tensão. É feito de aço e tem a forma de um tubo cilíndrico oco que fornece a força motriz para a barra de impacto. As suas extremidades são aparafusadas a flanges que ligam ao resto do aparelho SHPB. As dimensões do cano do canhão para ambas as barras de alumínio de 9 e 12 polegadas são de 120 mm de comprimento, com um diâmetro externo de 32 mm e um diâmetro interno de 20 mm.

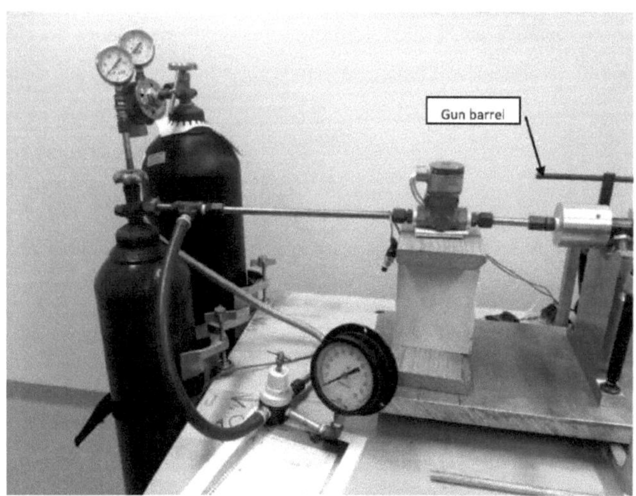

Figura 3.7: Cano da arma (tubo de lançamento)

Tubos

Os tubos são utilizados para ligar o reservatório de pressão à válvula solenoide. São fabricados em aço inoxidável com um diâmetro interior de 0,446 polegadas e um diâmetro exterior de 0,5 polegadas.

3.2.2 Montagem da barra de pressão

O conjunto da barra de pressão é constituído por uma barra de pressão, uma barra de incidente e uma barra de transmissão do mesmo diâmetro e material. O material e a dimensão da barra são os dois factores mais importantes do conjunto da barra de pressão.

Um material ideal para uma barra de pressão deve ter baixa atenuação de onda nas dimensões radial e longitudinal (pequeno coeficiente de Poisson) e alta sensibilidade ao sinal-ruído. Além disso, a perda de sinal é quase nula. O material estrutural de alta resistência, como o aço, é tradicionalmente utilizado como material de barra SHPB; no entanto, o ensaio SHPB não garante a exatidão. A razão deve-se às diferenças significativas de resistência entre os materiais da barra e do espécime. A impedância de onda ($p.c_o$) do espécime compósito de espuma de grafeno e alumínio é muito inferior à da barra de pressão de alumínio; por conseguinte, a maior parte do impulso incidente é reflectida de volta para a barra incidente e apenas uma pequena parte da carga é transmitida através do espécime para a barra transmitida. Como resultado, os impulsos transmitidos tornam-se muito fracos. Mesmo que seja utilizado um ganho de strain-gage elevado, por exemplo, 500, é impossível obter impulsos transmitidos precisos e completos. Mesmo quando estes pequenos sinais transmitidos são recolhidos de forma precisa e completa, não é fácil verificar o equilíbrio de tensões com estes sinais. Na verificação do equilíbrio dinâmico, é feita uma comparação entre o sinal transmitido e a diferença entre os sinais incidente e refletido. Obviamente, a comparação de sinais muito pequenos com dois sinais de grande amplitude deve ser imprecisa.

Outra razão para não utilizar as barras de aço para testar este tipo de material é a duração muito curta do impulso incidente. Tipicamente, para uma barra de aço, a duração do impulso incidente é inferior a 10 μs, o que não é tempo suficiente porque o espécime se deforma homogeneamente antes do dano. A deformação não homogénea do espécime leva a um equilíbrio de tensões inválido.

Para receber sinais transmitidos bastante grandes e precisos, bem como para facilitar o equilíbrio de tensões na amostra, são normalmente utilizados materiais de baixa resistência, como polímeros, alumínio, titânio e magnésio, desde que a resistência do material da barra seja superior à resistência do material da amostra. Para o aparelho SHPB em investigação, o alumínio 7075-T6 foi escolhido como material da barra de pressão com as seguintes propriedades mecânicas, conforme indicado na Tabela 3.1 (fornecida pela ASM (Aerospace Specification Metals Inc.). Para mais informações, consultar o sítio Web *http://asm.matweb.coms-1earch/ SpecificMaterial.7075T6)*. As dimensões da barra de pressão serão mencionadas em detalhe nas secções de barra de pressão, incidente e transmissão.

Tabela 3.1: Propriedades mecânicas do alumínio

Mechanical Properties	*Density (kg/m³)*	*Poisson's ratio*	*Young's modulus (GPa)*	*Shear modulus (GPa)*	*Elongation (%)*	*Peak tensile strength (MPa)*	*Ultimate strength (MPa)*
Aluminum	ρ = 2800	*0.33*	*71.7*	*26.9*	*11*	*503*	*572*

Adicionalmente, uma vez que a teoria SHPB é seguida pela propagação unidimensional de ondas, estas barras devem ser tipicamente rectas e movidas livremente nos apoios com o atrito o mais minimizado possível. Para além disso, o sistema de barras deve estar perfeitamente alinhado sobre a

eixo de carga. As extremidades da barra são concebidas ortogonalmente ao eixo comum da barra com elevada precisão para assegurar bons contactos da barra de impacto com a primeira extremidade da barra incidente e das extremidades da barra com o provete.

Barras de ataque

Barras de percussão, feitas de alumínio, com 18 polegadas de comprimento (Fig. 3.8), com um diâmetro de 12,8 mm que é o mesmo que o diâmetro da barra incidente e transmitida. Para um movimento suave, o diâmetro interior do cano da pistola é ligeiramente superior ao diâmetro da barra de percussão, como indicado na secção do cano da pistola.

Figura. 3.8 Barra de riscador

A função da barra de impacto é alterar a duração do impulso no impulso incidente ou no comprimento de onda de propagação incidente. A amplitude do impulso não é apenas diretamente proporcional à velocidade de impacto da barra de impacto, mas também ao comprimento da barra de impacto. A velocidade da barra de impacto muda com a pressão. Quanto maior for a pressão ajustada, maior será a velocidade da barra de impacto.

Incidentes e barras transmitidas

Estas duas barras são partes vitais do aparelho, como mostra a Fig. 3.9 (a, b). A barra incidente é a que entra em contacto direto com a barra atacante quando é disparada. Enquanto que a barra transmitida entra em contacto indiretamente, apesar do facto de, na presença de um pequeno modelador de impulsos na extremidade dianteira da barra incidente (discutido mais tarde na secção "Modelador de impulsos"), o contacto ser indireto. A energia da barra atacante é transferida quase inteiramente através da barra incidente antes de atingir o espécime. Quando o impulso de carga compressiva na barra de pressão incidente encontra um espécime ensanduichado entre duas barras, uma parte do impulso é reflectida na interface incidente-espécime, enquanto o restante é transmitido para a segunda barra principal ou barra transmitida. Os strain gages montados no meio de cada barra fornecem a magnitude e a forma dos impulsos incidente, refletido e transmitido.

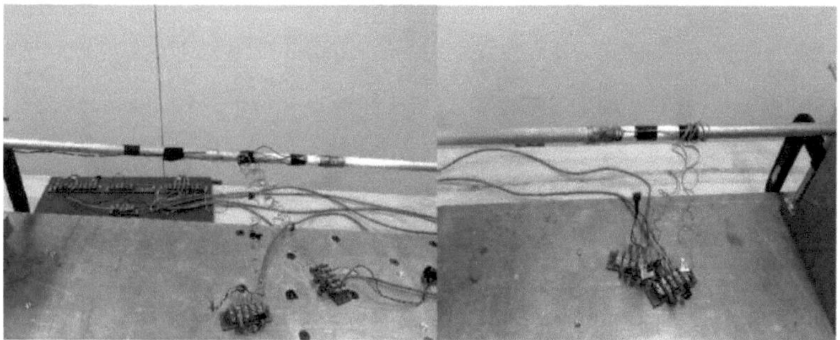

Figura 3.9 (a) Barra de incidentes

Figura 3.9 (b) Barra transmitida

As dimensões das barras de pressão, incluindo o comprimento (l) e o diâmetro (d), são escolhidas de modo a satisfazer os critérios de propagação de ondas 1-D para um determinado comprimento de impulso. Para medições experimentais

Na maioria dos materiais de engenharia, esta propagação requer cerca de 10 diâmetros de barra. A Tabela 3.2 ilustra o comprimento e o diâmetro das barras incidente e transmitida. Obviamente, o rácio comprimento/diâmetro satisfaz o requisito de propagação de ondas 1-D em que se baseia a teoria SHPB. Além disso, para evitar a sobreposição entre os impulsos incidentes e reflectidos, o comprimento da barra incidente deve ser, pelo menos, o dobro do comprimento das barras do atacante.

Tabela 3.2: Dimensões das barras incidentes e transmitidas utilizadas na unidade SHPB

	Length (mm)	Diameter (mm)	Length-to-diameter ratio
Incident bar	182	12	15.16
Transmitted bar	137	12	11.41

3.2.3 Sistema de aquisição de dados

O sistema de aquisição de dados inclui strain gage, pré-amplificador, LabVIEW e como indicado na Fig. 3.10.

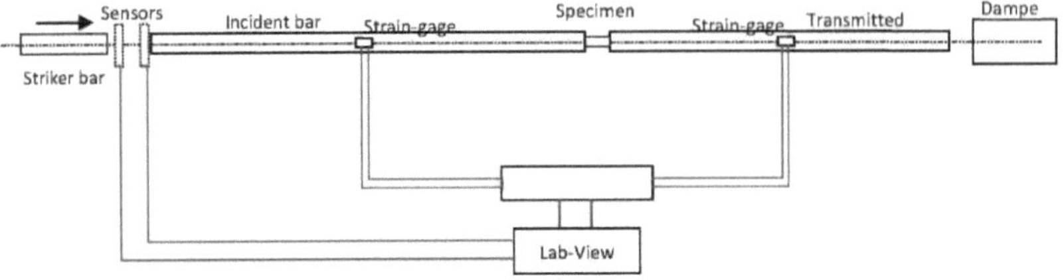

Figura 3.10: Esquema de um sistema de aquisição de dados

Medidor de tensão

O strain gage, um dispositivo cuja resistência eléctrica varia proporcionalmente à alteração da tensão, é o método mais comum de medição da tensão devido ao seu tamanho conveniente e à sua instalação simples.

Como se mostra na Fig. 3.11, um strain gage é normalmente fabricado a partir de tiras de películas metálicas dispostas num padrão de grelha. O objetivo da utilização de tiras metálicas é não só maximizar a tensão recebida da barra durante a deformação elástica, mas também reduzir a possível tensão de corte e a tensão de Poisson. A grelha está ligada a um suporte não condutor muito fino (chamado suporte) que é colado diretamente nas barras de alumínio. Depois de colado na barra, o strain gage é amarrado para mantê-lo imóvel numa posição fixa, como ilustrado.

A cola entre o suporte e as barras de alumínio é muito importante, uma vez que pode resultar em resultados de medição adversos nos casos em que o suporte não esteja corretamente montado na barra. Além disso, alguns erros podem resultar do facto de a direção do strain gage não ser paralela ao eixo de carga comum do sistema de barras (a direção de deformação da tensão); ou de a aderência aplicada ser demasiado espessa. Uma vez que estes erros podem ocorrer, devem ser efectuados ensaios de calibração antes dos ensaios reais para eliminar a influência destes erros na precisão da medição. Note-se que, uma vez que cada strain gage tem um limite de deformação elástica, se a carga aplicada for superior a esse limite, a deformação plástica arruinará o strain gage. Por conseguinte, o limite de deformação elástica do strain gage deve ser escolhido de modo a poder suportar a deformação permitida da barra, para evitar a destruição do strain gage com uma deformação demasiado grande.

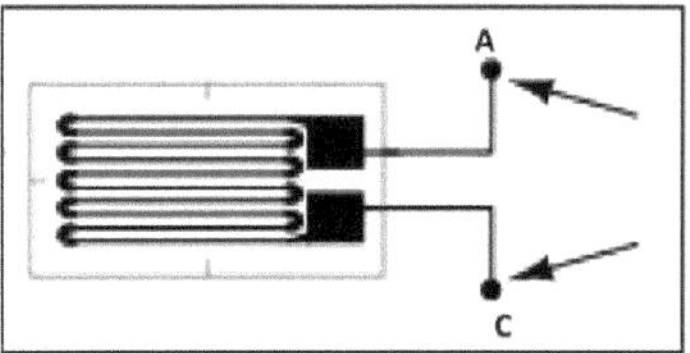

Figura 3.11 Strain gage

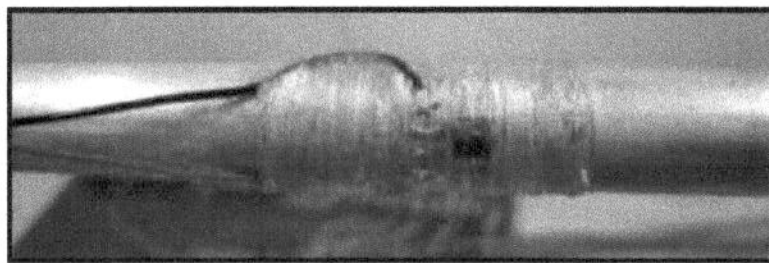

Figura 3.12 Vista de um strain gage na barra incidente

Os fios preto e verde da Fig. 3.12 correspondem aos pontos A e C da Fig. 3.11 e estão ligados a resistências para medir a variação eléctrica no strain gage. O circuito utilizado para medir estas pequenas alterações na resistência é conhecido popularmente como circuito de um quarto de ponte, no qual quatro resistências estão dispostas como se mostra na Fig. 3.13. No início, R1 e R3 são iguais, enquanto R2 é ajustado para um valor igual à resistência do strain gage; assim, sem força aplicada, o circuito de um quarto de ponte é simétrico e um voltímetro indicará pontos zero neste estado. No entanto, quando a barra é carregada com forças de compressão ou tração, as tiras metálicas deformam-se elasticamente. Como resultado, o valor indicado no voltímetro não é zero devido à diminuição ou ao aumento da resistência do strain gage, respetivamente.

Normalmente, a resistência do strain gage varia entre 120Ω e 2kΩ. O valor do strain gage aqui utilizado é de 350Ω. A distância entre o strain gage e outras resistências é considerada como resistências em dois fios preto e verde; no entanto, essas resistências não são contadas no cálculo do circuito. Este tipo de erro será abordado nos ensaios de calibração.

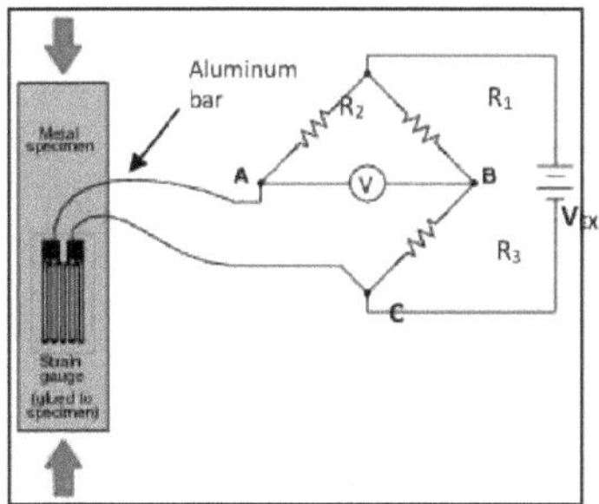

Figura 3.13 Um circuito strain-gage de um quarto de ponte

Um parâmetro fundamental do strain gage é a sensibilidade à deformação, definida como o rácio entre a variação fraccionada da resistência eléctrica e a variação fraccionada do comprimento, ou seja, o fator de medição (GF).

O strain gage com GF = 2,07 é utilizado para este SHPB.

Na Fig. 3.14 (a, b), são mostrados os dados recolhidos de extensómetros montados em barras incidentes e transmitidas.

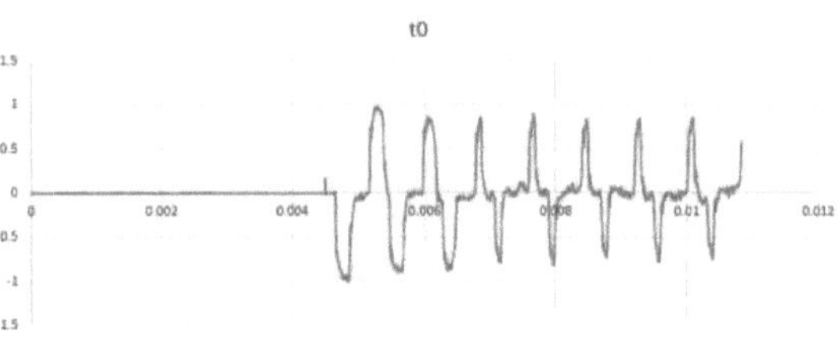

(a) Sinais incidentes e reflectidos

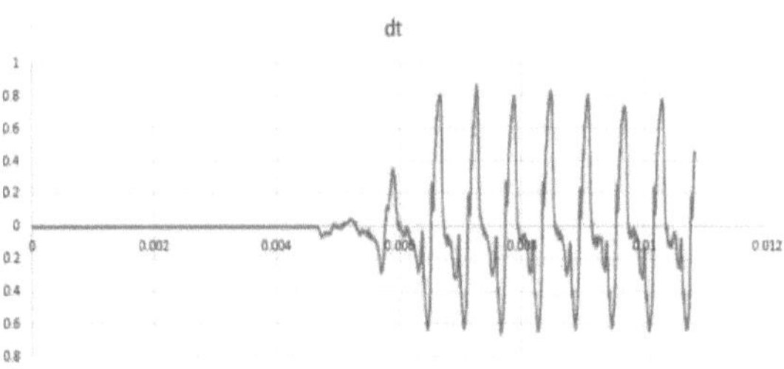

(b) Sinais transmitidos

Figura. 3.14 Dados recolhidos pelo strain gage em (a) barra incidente e (b) barra transmitida

Pré-amplificador diferencial

Uma vez que os sinais recolhidos dos strain gages são em milivolts, a medição exacta destas tensões de baixa amplitude é dificultada; por conseguinte, é necessário um pré-amplificador diferencial e um oscilador para facilitar a medição. Esta investigação utilizou um pré-amplificador

Tektronix

Pré-amplificador Diferencial ADA400A mostrado na Fig 3.15 com filtros de largura de banda superior de 100Hz, 3kHz, 100kHz e Full (>1MHz). Como mencionado em [47], o pré-amplificador e o oscilador devem ser do tipo com resposta de alta frequência para um sinal de registo, pelo menos 100Hz. No entanto, quando os filtros são aplicados com 3kHz ou 100Hz, os sinais gravados não são distorcidos, especialmente no nível de 100 Hz, os sinais são totalmente alterados, enquanto os resultados em 100kHz fornecem sinais de forma retangular. Assim, seguindo a sugestão, o pré-amplificador é aplicado a 100kHz para obter as formas de sinal desejadas.

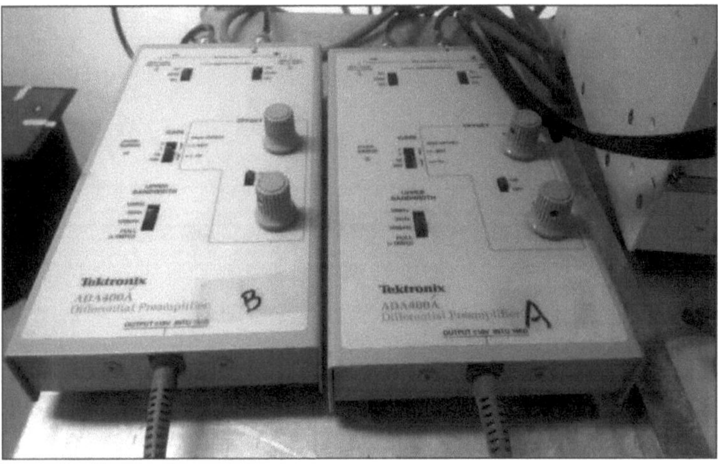

Figura 3.15 Pré-amplificador diferencial do SHPB

LabVIEW

O LabVIEW é um ambiente de programação gráfica concebido para sistemas de medição, teste e controlo. Neste estudo, um PXI-1002 da National Instruments foi combinado com um PC que executa o LabVIEW para recolher e comunicar os dados experimentais. Na Fig. 3.16, o LabVIEW

mostra as constantes essenciais do ensaio SHPB e a janela incidente e reflectida, a janela transmitida e a janela de dados laser.

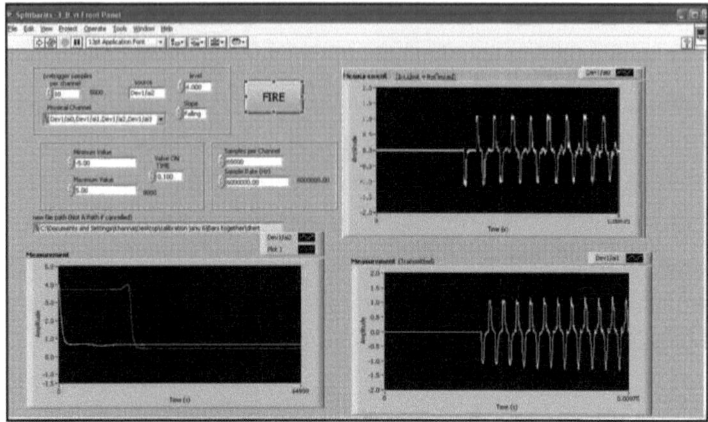

Figura 3.16 Dados experimentais apresentados no LabVIEW

Sensores

A figura 3.17 apresenta uma vista de dois sensores colocados no aparelho SHPB. Tal como descrito na secção relativa à válvula solenoide, quando esta se abre, o gás azoto empurra a barra de pressão para fora. Até que a barra de pressão bloqueie o feixe laser que incide no sensor e altere a tensão, o sistema de controlo fecha a válvula solenoide e deixa de fornecer gás. Este processo é ilustrado numa janela de dados laser no LabVIEW, onde as linhas vermelhas mostram os dados laser do sensor 1 e do sensor 2, respetivamente. Quando a barra de riscas começa a bloquear o feixe laser do sensor 1, uma linha branca começa a descer para um valor constante, enquanto a linha vermelha mantém o valor original. O valor da linha vermelha desce tão acentuadamente como o da linha branca, à medida que a barra de impacto corta o feixe laser do sensor 2.

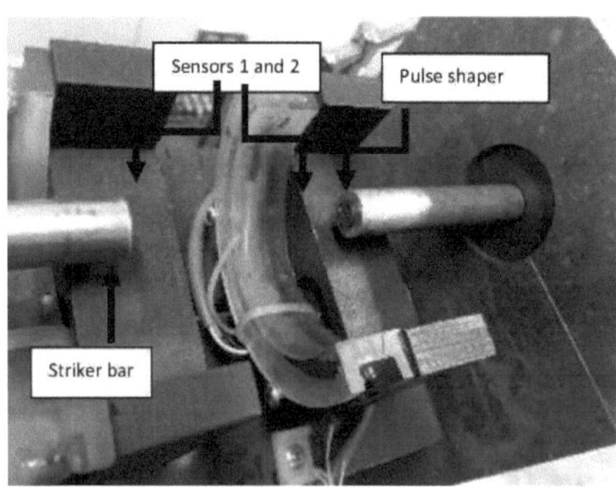

Figura 3.17 Sensores

3.2.4 Sistema de apoio e de amortecimento

Foi concebido um plano de referência de 415 mm de comprimento e 32 mm de largura para a maior parte dos elementos em que assenta o aparelho, exceto os reservatórios e o regulador de pressão, como mostra a figura 3.17.

Cada suporte de barra (flange) mostrado na Fig. 3.18, está equipado com uma bucha de bronze maquinada com a tolerância adequada; permite que a barra deslize livremente na direção axial e remove quaisquer ondas de flexão devidas ao impacto, de modo a satisfazer as condições de propagação de ondas 1-D.

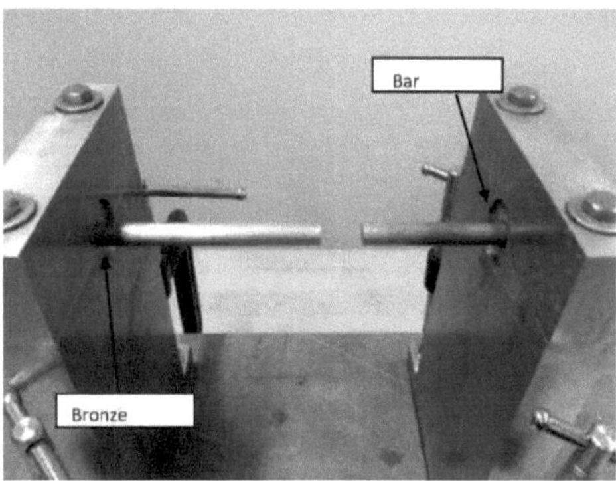

Figura 3.18 Apoiantes de barras

O sistema de amortecimento, ilustrado na Fig. 3.19, foi concebido para parar a barra transmitida após o disparo. A extremidade dianteira do amortecedor é preenchida com chumbo para proteger a extremidade da barra transmitida de se estragar.

Figura 3.19 Um amortecedor

3.2.4. Funcionamento manual e recomendações para utilização Verificar incidente e sinais transmitidos

- Abrir o programa NI Measurement & Automation no ambiente de trabalho

- No separador Configuração, expanda O meu sistema e, em seguida, expanda Dispositivos e interfaces

- Se não vir o separador Configuração, clique em Ver e, em seguida, seleccione Configuração

- Expandir Dispositivos NI-DAQmx; em seguida, clicar com o botão direito do rato no NI PXI-6115 e escolher Painéis de Teste, como mostrado na Fig. 3.20.

Figura. 3.20 Programa de medição e automatização da NI

- No separador Entrada analógica, escolha o nome do canal: Dev1/a0 (para verificar o sinal incidente), e canal Dev1/a1 (para verificar o sinal transmitido)
- Clique em start para ver o sinal de Dev1/a0, a janela deve ser mostrada como na Fig 3.21

a. Desmarque a opção "Auto-scale chart" (Gráfico de escala automática), como mostra a Fig. 3.21 b.

Empurrar as barras manualmente para ver se o sinal muda, como mostra a Fig. 3.21 c; em caso afirmativo, o equipamento é adequado para a realização de uma experiência.

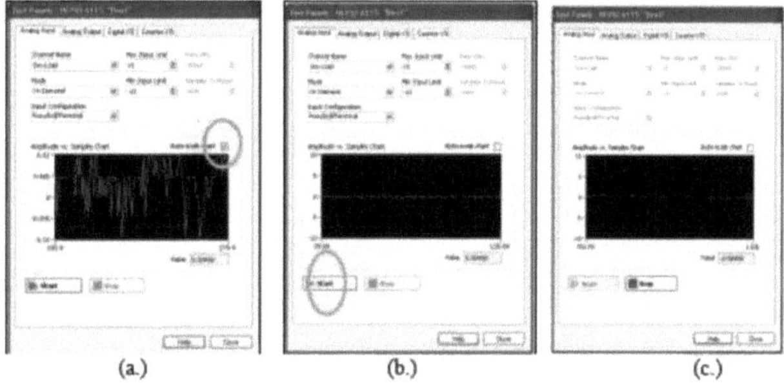

Figura. 3.21 Sinal de controlo do Dev1/a0

- Efetuar o mesmo procedimento para ver o sinal do Dev1/a1
- No entanto, se depois de desmarcar "Auto-scale chart" a janela é mostrada como na Fig 3.21, o sinal de Dev1/a0 deve ser fixado como os passos seguintes:
- Medir a resistência através do circuito de ponte de um quarto e zerar a resistência rodando o pequeno mostrador ligado ao mesmo.
- Colocar o sinal a zero no NI Measurement & Automation utilizando os selectores de desvio grosso e fino do amplificador (Amplificador B para o sinal do canal a0_incidente),
- Aumentar a resistência do circuito de quarto de ponte para 0,1 mV

- Utilize novamente o amplificador para se certificar de que o sinal no NI Measurement & Automation é de 0,1 V ou -0,1V

Voltar a zerar a resistência no circuito de um quarto de ponte.

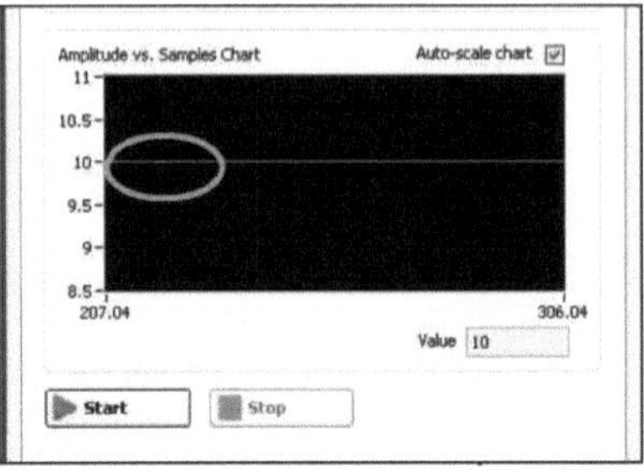

Figura. 3.22 Erro no gráfico Amplitude vs. Amostras

- Se os sinais apresentados na Fig. 3.22 a, o sinal incidente ou transmitido pode ultrapassar o limite

- Verificar os amplificadores para ver se a luz de excesso de alcance está acesa

- Verificar o circuito do quarto de ponte para ver se existe alguma ligação solta

- Se a luz de "Intervalo excessivo" continuar acesa, o mais provável é que o fio esteja partido.

- Empurrar as barras manualmente para ver se o sinal muda; se mudar, o equipamento está bom para fazer uma experiência.
- Efetuar o mesmo procedimento para ver o sinal do Dev1/a1

Abrir os reservatórios de pressão e ajustar a pressão

- Abrir o reservatório azul rodando o botão no sentido contrário ao dos ponteiros do relógio

  Abrir o reservatório preto rodando o botão no sentido contrário ao dos ponteiros do relógio

- A pressão indicada no reservatório pequeno é a pressão utilizada

- Rodar a válvula do meio para a esquerda (sentido contrário ao dos ponteiros do relógio) para diminuir a pressão (ouvir o som de assobio)

- Rodar a válvula do meio para a direita (sentido dos ponteiros do relógio) para aumentar a pressão (ouvir o som de assobio)

- Colocar a válvula intermédia na posição em que não se ouve qualquer som sibilante para obter uma pressão desejada constante.

Preparar a experiência

- Fechar o programa NI Measurement & Automation

- Abrir o programa LabVIEW 8.0 no ambiente de trabalho

- Em Open Tab, escolha o ficheiro C:\...Instruments\Drop\SplitbarMx_3_B.vi, como se mostra na Fig. 3.23. As constantes de teste devem ser verificadas duas vezes.

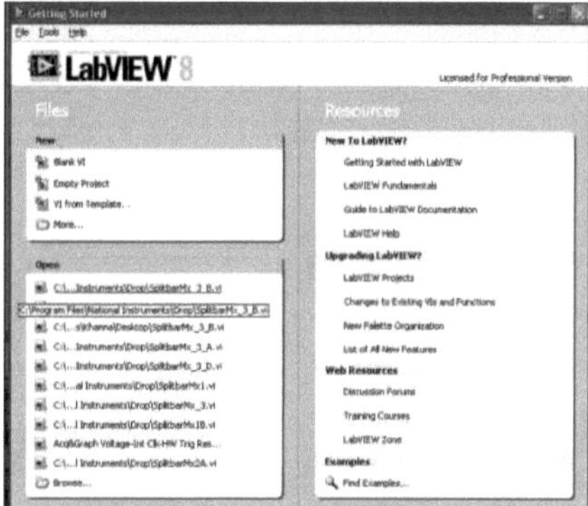

Figura. 3.23 Programa LabVIEW 8.0

- Empurrar a barra de percussão para o interior e para a extremidade do cano

- Colocar o shaper na parte da frente da barra de incidentes, utilizando um pouco de massa lubrificante.

- Ajustar o incidente de modo a não bloquear nenhum dos sensores, como mostra a Fig. 3.24

- Colocar o provete entre as barras incidente e transmitida com um um pouco de óleo em ambos os lados do provete (Fig. 3.24)

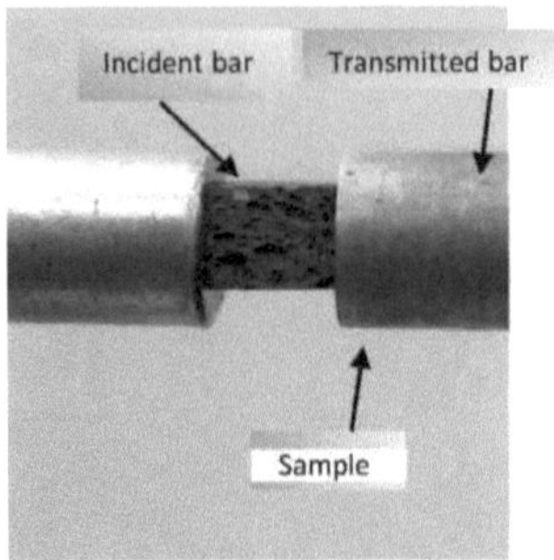

Figura. 3.24 Provete ensanduichado entre as barras incidente e transmitida

- Cobrir a área do espécime como uma pequena câmara, de modo a que, após a experiência, o espécime não voe para longe.
- Verificar se o amortecedor está no sítio certo atrás da barra transmitida. A distância entre a extremidade da barra transmitida e a superfície frontal do amortecedor (Fig. 3.25 a) é aproximadamente igual à distância entre o modelador de impulsos e o casquilho de bronze (Fig. 3.25 b), permitindo que a barra de injeção incidente mantenha a posição correcta no casquilho de bronze.

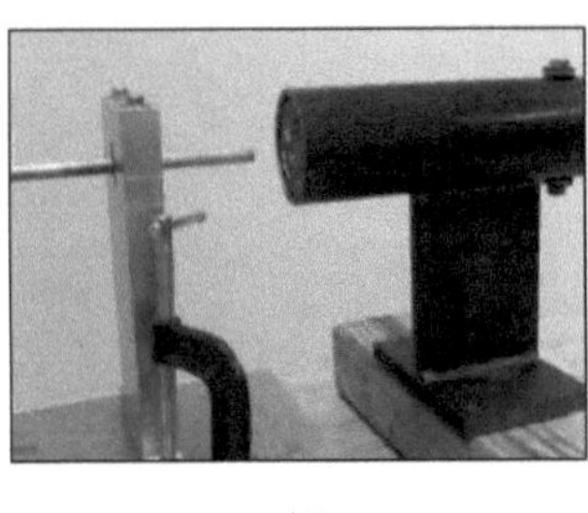

(a) (b)

Figura. 3.25 (a,b) Distância entre a extremidade da barra transmitida e o amortecedor

- Certificar-se de que as constantes do programa LabVIEW estão correctas
- Clicar no botão Executar no NI LabVIEW 8.0 | =≠>)
- Escolher a pasta para armazenar os dados e o nome do ficheiro de dados
- Clicar em Disparar. O tempo entre clicar em "Executar" e "Disparar" é de 20 segundos.
- Se o sinal aparecer no ecrã, o teste é bom.

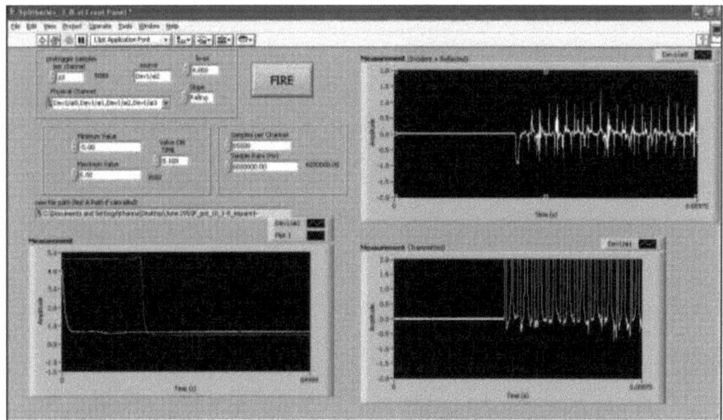

Figura. 3.26 Constantes de teste utilizadas no LabVIEW

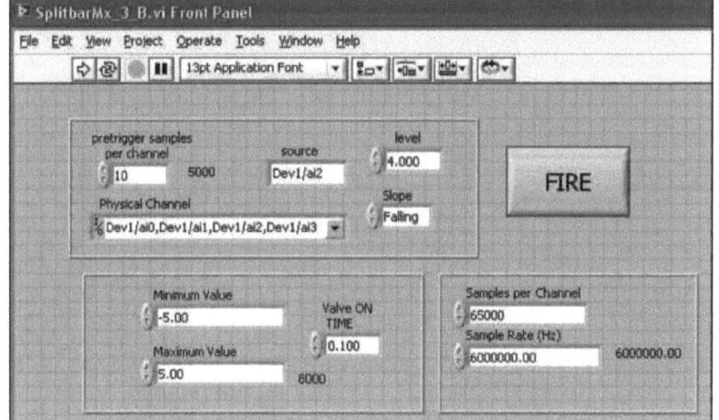

(a)

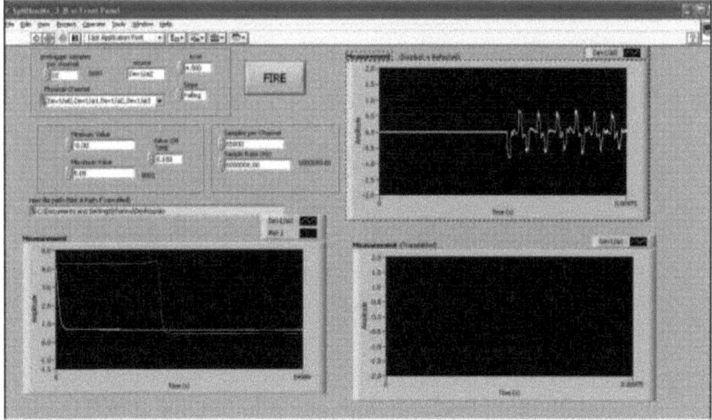

(b)

Figura. 3.27 (a, b) Exemplos de erros de funcionamento apresentados no LabVIEW

3.3 Preparação do espécime

3.3.1. Processo de preparação da espuma composta de alumínio e grafeno

Nos últimos anos, foram estabelecidas muitas tecnologias para produzir espumas metálicas, mas foi especificado que apenas alguns destes processos serão adequados para o fabrico de espumas metálicas à escala da engenharia.

Estas tecnologias podem ser divididas em duas categorias:

a. Metal líquido (processo de fusão)

b. Pó metálico (métodos de metalurgia do pó)

Na literatura atual, as formas mais comuns de fabricar espuma de alumínio reforçada com GR são através de metal líquido (processo de fusão). As espumas metálicas mais acessíveis comercialmente baseiam-se numa liga que contém: alumínio, níquel e magnésio, e chumbo, titânio, aço, cobre e até ouro. Entre as espumas metálicas, a liga de Al é designada como a mais explorada comercialmente devido à sua baixa densidade.

Metodologia

A preparação da espuma de alumínio será efectuada em três fases:

Fase 1: Síntese à escala laboratorial de espuma de Al:

(a.) Forno de resistência eléctrica: Desenvolvimento de um processo à escala laboratorial para o fabrico de espuma de Al. Para este primeiro caso, necessitamos de um forno de resistência eléctrica com capacidade para fundir pelo menos 5-6 kg de liga de Al. O forno será fechado em todos os lados e aberto no topo. O forno de resistência eléctrica será ligado a um termopar para medir a temperatura de fusão e a um registador para ler a temperatura. Está também ligado a um controlador de temperatura para controlar a temperatura.

(b.) A temperatura máxima do forno deve ser de cerca de 1000 graus Celsius.

(b.) Um agitador mecânico: Deve ser fabricado um agitador mecânico em aço macio revestido de grafite. O agitador deve ser fixado num motor para rodar o agitador a uma velocidade mínima de 700-800 RPM.

(c.) Molde de ferro fundido: Deve ser fabricado um molde em ferro fundido, de forma cilíndrica.

A dimensão do molde dependerá das dimensões do forno.

(d.) Compressor de ar: Será utilizado um compressor de ar para arrefecer a espuma quente no molde.

Fase 2: Matérias-primas necessárias para o fabrico da espuma:

(a.) Liga de alumínio reforçada com SiC e grafeno: Será selecionada uma liga de Al (AA5083) como liga matriz e partículas de SiC de 10 wt.% (tamanho: 20-40 microns) serão utilizadas como fase de reforço. O grafeno (0,5% em peso) é utilizado como agente espessante.

(b.) Agente espumante: Como agente espumante, utilizar-se-á TiH2 (hidreto de titânio) a 1 % em peso do metal utilizado.

Actividades realizadas

Passo 1. Etapa de fabrico da espuma

(a.) Em primeiro lugar, devemos revestir o molde de ferro fundido com pasta de grafite e secar o molde. Fixar o molde dividido com a ajuda de um parafuso de porca. Não deve haver qualquer folga entre as duas partes, caso contrário, o metal líquido vazará através da folga. Como medida de precaução, a parte da junta deve ser preenchida com pasta de grafite.

(b.) Colocar o molde no forno.

(c.) Colocar a matéria-prima ou a liga no molde

(d.) Ligar o forno e aquecer até uma temperatura de 750 graus Celsius. Quando a liga de Al estiver derretida, coloque o agitador no molde. A lâmina do agitador deve ser mergulhada no metal líquido.

(e.) Ligar o motor e aumentar a velocidade do agitador até 700 RPM.

(f.) Em seguida, adicionar SiC e grafeno à massa fundida e misturar bem as partículas na massa líquida da liga de Al.

(g.) Uma vez misturadas as partículas na liga de Al fundida, deve adicionar-se 1Wt% de agente espumante à massa fundida. O agente espumante deve ser embrulhado em folha de alumínio. O agente espumante total deve ser dividido em 10 partes e depois embrulhado em folha de alumínio; haverá 10 bolas de agente espumante embrulhadas em folha de alumínio.

(h.) Depois de adicionar o agente espumante, agitar durante 1 minuto e retirar imediatamente o agitador da massa fundida.

(i.) Uma vez terminada a formação de espuma. Retirar o molde com espuma e arrefecer o molde com ar comprimido. Finalmente, o molde com espuma deve ser deixado durante cerca de 24 horas. No dia seguinte, pode abrir-se o molde para retirar a espuma Al.

1.1 .2.Dimensões do provete

As amostras de espuma são cortadas em conformidade com o tamanho das secções de aço macio (redondas e quadradas). As amostras de espuma de 21 mm x 21 mm x 30 mm foram cortadas dos blocos de espuma fundida. As amostras foram cortadas com um cortador de diamante a uma velocidade muito lenta (na Universidade de Missouri, Columbia) para que a superfície da estrutura celular não ficasse distorcida. O tamanho da amostra de espuma foi cortado na dimensão de 7,5 mm*7,5 mm*7,5 mm (Fig. 3.28). A amostra foi polida com uma lixa e um rebolo, de modo a que toda a amostra ficasse muito bem acabada e muito precisa na medição e no ensaio do comportamento de compressão quase-estático e do ensaio de alta taxa de deformação, utilizando a Máquina de Ensaios Universal (ADMET) e a Barra de Pressão Split Hopkinson (SHPB), respetivamente.

(a) **(b)** **(c)**

Figura. 3.28. Amostra de espuma de Al híbrida grafeno - SiC (a) Bloco fundido, (b) amostra polida antes do ensaio e (c) amostra polida mostrando uma das faces do bloco de espuma

Medição da densidade

A densidade da liga AA5083 (Al-5,5% Mg-0,3%Mn)-10wt% SiC e 0,5wt%Grafeno é determinada por medições de massa e volume. As amostras de dimensões 7,5 mm x 7,5 mm x 7,5 mm são utilizadas para medições de densidade. A densidade relativa da espuma compósita da liga AA5083 com 10 % em peso de SiC e grafeno (0,5% em peso) é calculada dividindo a densidade da espuma pela densidade do Al sólido (2,8 gm/cc). Cerca de 37 amostras foram cortadas nas dimensões preparadas a partir de diferentes locais, tal como recebidas da fundição. A densidade relativa média é de cerca de 0,23-0,29 gm/cc e a porosidade é de 75,6%.

3.4 . Conceção do modelador de impulsos

3.4.1. Dimensão e forma do tremor de impulsos

As equações fundamentais da teoria SHPB são derivadas da teoria ondulatória de tensão unidimensional, na qual se assume o equilíbrio uniaxial de tensões no provete. Por conseguinte, os resultados da experiência SHPB são válidos e fiáveis se e apenas se o provete se deformar a uma taxa de deformação constante e se o equilíbrio de tensões uniaxiais for alcançado no provete.

A teoria de Taylor-von Karman estabelece a seguinte relação entre a duração do impulso do provete t e o (comprimento do provete) Hs:

$$t^2 = \frac{\pi^2 \rho_s H_s^2}{\frac{\partial \sigma}{\partial \varepsilon}} \qquad (32)$$

No entanto, como já foi referido, a redução de HS afecta a relação de aspeto. A escolha do DS (diâmetro) baseia-se na condição SHPB (diâmetro da barra) e na relação de aspeto escolhida para garantir a minimização dos efeitos de inércia e de fricção, pelo que, na maioria dos casos, a redução do comprimento é impossível. É por isso que a técnica de modelação de impulsos se torna popular num SHPB modificado, com muitas vantagens, tais como a obtenção de uma taxa de deformação constante, a suavização dos impulsos de tensão, a eliminação das oscilações de alta frequência no impulso incidente e o prolongamento da duração do impulso para facilitar o equilíbrio da tensão. O modelador de impulsos é geralmente um disco metálico elástico-plástico (material da ponta) ligado a uma extremidade da barra incidente por um pouco de massa lubrificante.

Durante o teste, o impacto da barra atacante no modelador de impulsos transfere energia indiretamente para a barra incidente, fazendo com que a duração do impulso aumente como esperado.

Espessura do shaper de impulsos 1,59 mm e relação espessura/diâmetro T_P/D_P = 0,25 polegadas. Esta investigação utilizou um modelador de impulsos com D_P = 6,35 mm e T_P = 1,59 mm.

Figura. 3.29 Conceção do modelador de impulsos

Copper No. C14500

Tellurium Copper , CDA 145 ASTM B 301

Nominal Chemical Composition % by weight

Copper (incl. Silver)	Phosphorus	Tellurium
99.7	.008	.55

Mechanical Properties

Typical for 1" solid diameter Hard (35%) Temper

Hardness*	Rockwell F Scales	48
Tensile Strength**	KSI	48
Yield Strength **	KSI	44
Elongation**	% in 2 inch	20

*Hardness conversions are approximate

**Test values are nominal approximations and depend on specimen size and orientation.

Physical Properties

Thermal Conductivity	BTU/ (sq ft-ft-hr-F)	20.5
Specific Heat	BTU/lb/°F @ 68F	.092
Thermal Expansion	Per °F from 68 F to 212 F	.0000095
Density	lb/cu in @ 68 F	.323
Electrical Conductivity	% IACS @ 68 F	93
Modulus of Elasticity	KSI	17,000

*Volume basis

Quadro 3.3: Propriedades físicas e mecânicas do cobre n.º C14500
Referência: http://copper-casting-alloys.brass-copper- fittings.com/c14500_tellurium_copper.htm

Na literatura, foram realizados alguns testes experimentais para determinar quais os tipos de material que se tornam eficazes como modeladores de impulsos para esta investigação. Obviamente, os resultados do modelador de impulsos C14500-cobre foram constantes no impulso refletido, enquanto os outros deram impulsos complicados ou variáveis. É sabido que o teste com um impulso refletido constante conduz a uma taxa de mancha invariável na amostra. Além disso, o modelador de impulsos com baixa propriedade de endurecimento por trabalho obstrui os ensaios realizados a uma elevada taxa de deformação. O modelador de impulsos encolhe durante o ensaio de espécimes de espuma de grafeno a uma taxa de deformação de 2700 s -1 ou superior.

3.5 Análise de dados

3.5.1. Análise de dados com o MS-Excel

O objetivo dos dados SHPB em Excel é selecionar os dados necessários para a execução do ficheiro SHPB MATLAB. Em seguida, a partir desses dados, a execução do ficheiro SHPB MATLAB dará origem a um resultado de impulsos incidentes, transmitidos e reflectidos e a relações de comportamento do material, incluindo o tempo de taxa de deformação, o tempo de tensão, a tensão-deformação e as vistas da verificação do equilíbrio de tensões.

Um ficheiro de dados Excel da experiência SHPB é apresentado na Fig. 3.30. No ecrã (Fig. 3.30) aparecem as colunas A e B referentes aos dados recolhidos dos strain gages incidente e transmitido, respetivamente. Duas linhas a partir do topo, como indicado na Fig. 3.30, foram eliminadas para desenhar gráficos dos impulsos incidentes e transmitidos, enquanto duas colunas de ordem ascendente e tempo foram adicionadas, como indicado na Fig. 3.30.

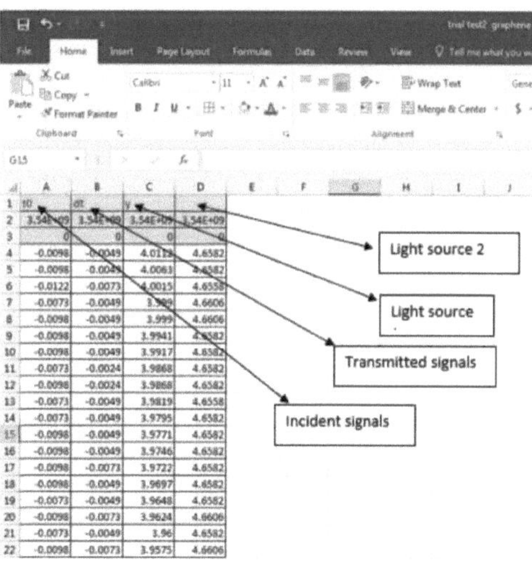

Figura. 3.30. (a.) Dados SHPB antes da modificação

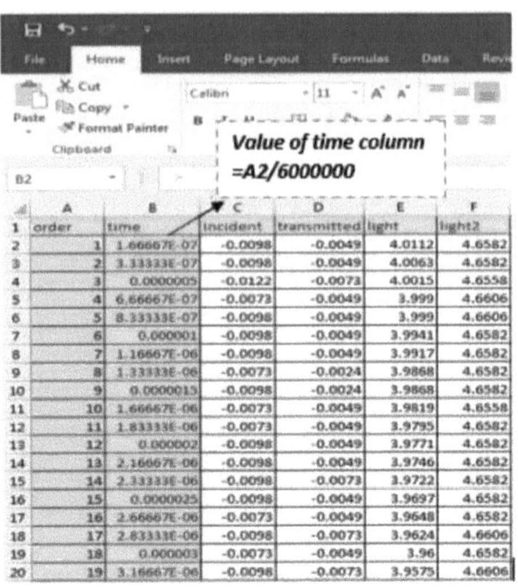

	A	B	C	D	E	F
1	order	time	incident	transmitted	light	light2
2	1	1.66667E-07	-0.0098	-0.0049	4.0112	4.6582
3	2	3.33333E-07	-0.0098	-0.0049	4.0063	4.6582
4	3	0.0000005	-0.0122	-0.0073	4.0015	4.6558
5	4	6.66667E-07	-0.0073	-0.0049	3.999	4.6606
6	5	8.33333E-07	-0.0098	-0.0049	3.999	4.6606
7	6	0.000001	-0.0098	-0.0049	3.9941	4.6582
8	7	1.16667E-06	-0.0098	-0.0049	3.9917	4.6582
9	8	1.33333E-06	-0.0073	-0.0024	3.9868	4.6582
10	9	0.0000015	-0.0098	-0.0024	3.9868	4.6582
11	10	1.66667E-06	-0.0073	-0.0049	3.9819	4.6558
12	11	1.83333E-06	-0.0073	-0.0049	3.9795	4.6582
13	12	0.000002	-0.0098	-0.0049	3.9771	4.6582
14	13	2.16667E-06	-0.0098	-0.0049	3.9746	4.6582
15	14	2.33333E-06	-0.0098	-0.0073	3.9722	4.6582
16	15	0.0000025	-0.0098	-0.0049	3.9697	4.6582
17	16	2.66667E-06	-0.0073	-0.0049	3.9648	4.6582
18	17	2.83333E-06	-0.0098	-0.0073	3.9624	4.6606
19	18	0.000003	-0.0073	-0.0049	3.96	4.6582
20	19	3.16667E-06	-0.0098	-0.0073	3.9575	4.6606

Figura. 3.30. a. Dados SHPB antes da modificação

Depois de traçar os sinais incidentes e transmitidos completos em gráficos separados mostrados na Fig. 3.31.b, uma vez que o primeiro conjunto de impulsos foi utilizado, ampliámos os gráficos incidentes e transmitidos e, em seguida, seleccionámos o primeiro conjunto, como mostrado na Fig. 3.31 b. Para selecionar os dados incidentes necessários, deve observar-se o valor do tempo no eixo x no início (região An na Fig. 3.31 c) e os valores finais do impulso incidente. O ponto de partida é o que se encontra próximo da intersecção do impulso com o eixo X. Podemos encontrar facilmente o ponto de partida do tempo real da barra de incidência na coluna B (coluna do tempo) correspondente ao valor de incidência, uma vez que os dados de incidência dos valores de incidência contínuos são negativos. A partir do valor temporal apresentado na Fig. 3.31 d, os dados de incidência começam a obter o valor zero e, em seguida, continuam a atingir valores positivos. Além disso, a partir da região B mostrada na Fig. 3.31 d, conclui-se que os dados de incidência pertencentes ao valor atual de tempo de 0,004966 a 0,00529 correspondem ao impulso de incidência.

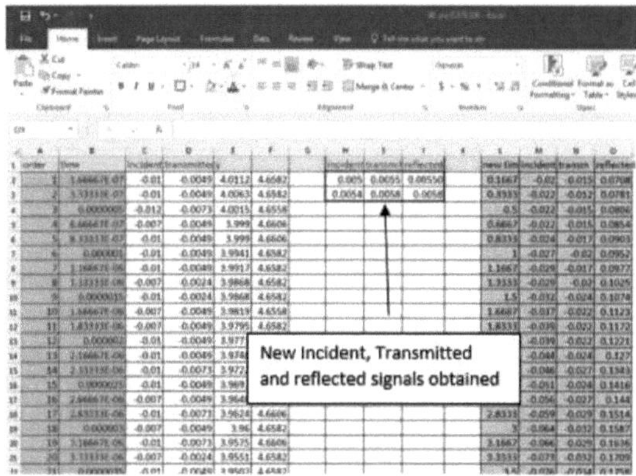

Figura. 3.31 a. Novo Incidente, Transmitido, refletido têm origem nos sinais

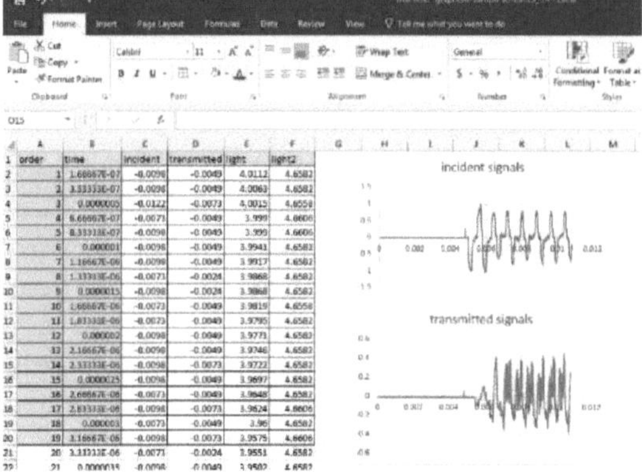

Figura. 3.31 b. Sinais incidentes e sinais transmitidos de BC e BD

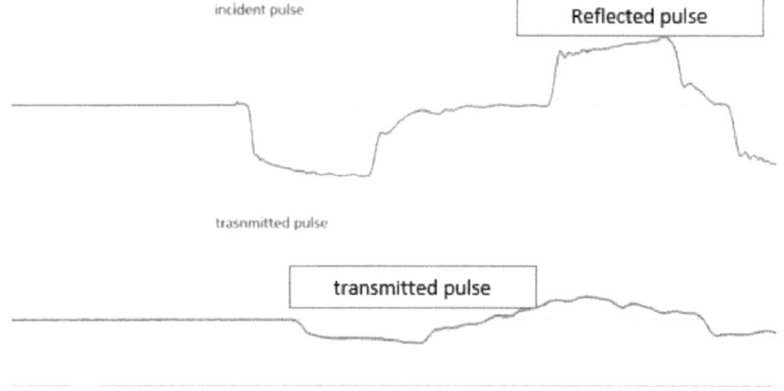

Fig 3.31 c. Novos sinais incidente, transmitido e refletido obtidos a partir dos sinais originais

Uma vez gerado o novo impulso incidente, transmitido e refletido com os sinais acima, é necessário encontrar esses valores nos sinais originais e gerar outro novo sinal do incidente, transmitido e refletido.

new tim	incident	transm	reflected
0.1667	-0.02	-0.015	0.0708
0.3333	-0.022	-0.012	0.0781
0.5	-0.022	-0.015	0.0806
0.6667	-0.022	-0.015	0.0854
0.8333	-0.024	-0.017	0.0903
1	-0.027	-0.02	0.0952
1.1667	-0.029	-0.017	0.0977
1.3333	-0.029	-0.02	0.1025
1.5	-0.032	-0.024	0.1074
1.6667	-0.037	-0.022	0.1123
1.8333	-0.039	-0.022	0.1172
2	-0.039	-0.022	0.1221
2.1667	-0.044	-0.024	0.127

Figura. 3.31 d. Novos sinais gerados a partir de 3.31

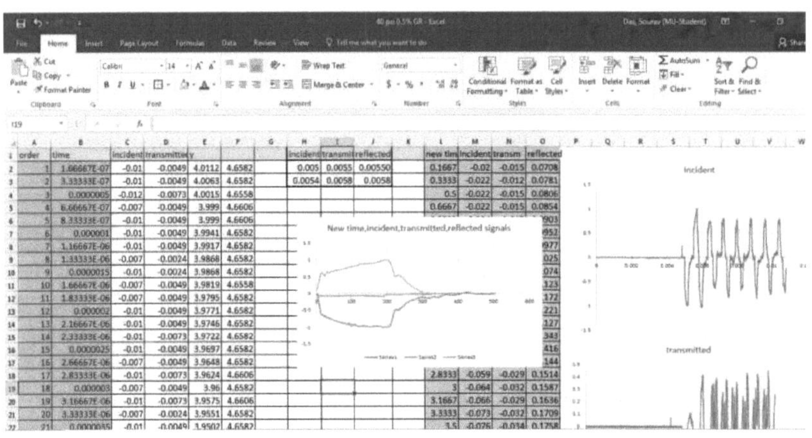

A figura. 3.31 e. mostra as novas selecções de dados de sinais

O mesmo procedimento é aplicado aos impulsos reflectidos e transmitidos, com a ressalva de que, enquanto os dados incidentes e transmitidos admitem valores negativos, os reflectidos seleccionam valores positivos. Os dados seleccionados dos impulsos incidentes, transmitidos e reflectidos são colocados na ordem indicada na Fig. 3.31 e. Esta ordem, que consta do ficheiro MATLAB do SHPB, não pode ser alterada porque estes dados seleccionados serão as entradas para o ficheiro MATLAB. Uma alteração nos valores de tempo na coluna O mostrada na Fig. 3.41 e deve-se à conversão do segundo (Fig. 3.30 b) para microssegundo (Fig. 3.31 e), pelo que os gráficos finais após a execução do ficheiro SHPB MATLAB serão versus microssegundo, como mostra a Fig. 3.31 e. Todos os dados seleccionados devem terminar na mesma linha, como mostra a Fig. 3.31 e; por outras palavras, têm a forma de uma matriz. A última linha da matriz é a que antecede a linha em que qualquer dado de impulso chega a zero (ver Fig. 3.31e) ou muda de valores negativos para positivos em relação aos impulsos incidente e transmitido. Inversamente, os dados reflectidos deixam de ser seleccionados quando qualquer alteração passa de valores positivos para negativos.

3.5.2. Análise de dados com o MATLAB

O ficheiro SHPB MATLAB denominado "Current_Split_Hopkinson_Code.m" é executado no programa MATLAB. É necessário seguir as instruções na janela de comando e chamar os factores de correção de tensão e deformação da parte de calibração, permitindo que o programa MATLAB apresente os gráficos finais para cada experiência, como se pode ver na Fig. 3.32. A experiência foi realizada com uma barra de impacto de 18 polegadas com uma amostra de 0,5% de compósito de espuma de alumínio e grafeno com 0,5 percentagem de GR a 25 psi, correspondendo à velocidade de impacto de 8,89 ms^{-1}. O modelador de impulsos utilizado nesta experiência tem cinco orifícios, Copper C14500, com as dimensões D_P = 0,25 pol., H_P = 0,0625 pol.

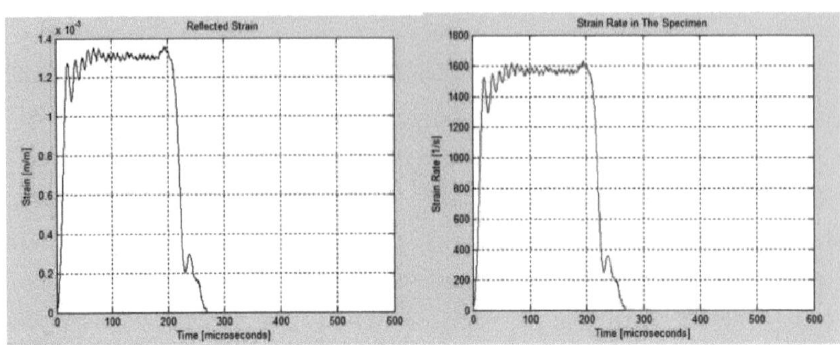
Reflected Strain
Strain [m/m]
Time [microseconds]
Strain Rate in The Specimen
Strain Rate [1/s]
Time [microseconds]

A. B.

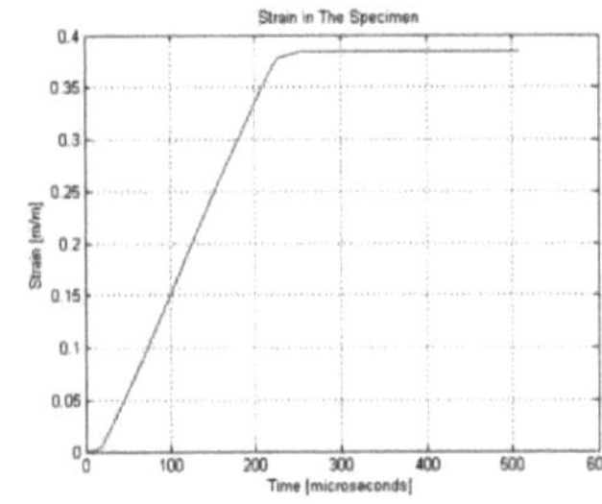
Strain in The Specimen
Strain [m/m]
Time [microseconds]

C.

D.

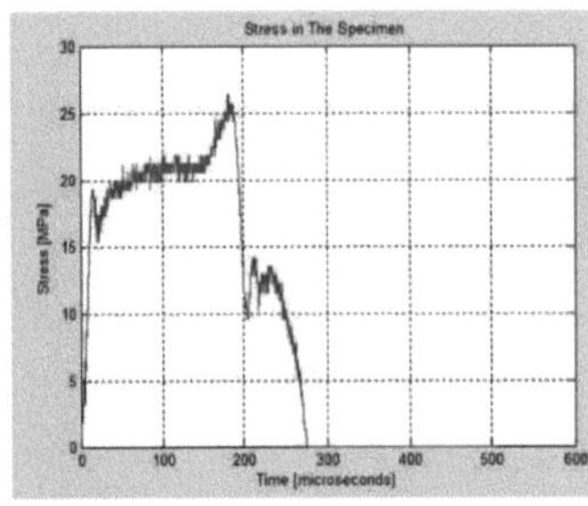
Stress in The Specimen
Stress [MPa]
Time [microseconds]

E.

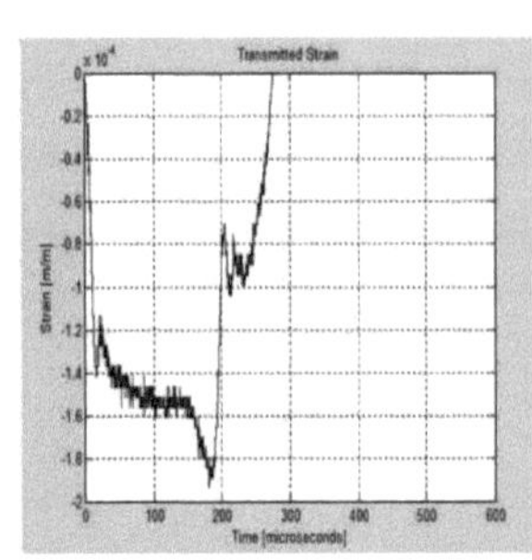
Transmitted Strain
Strain [m/m]
Time [microseconds]

F.

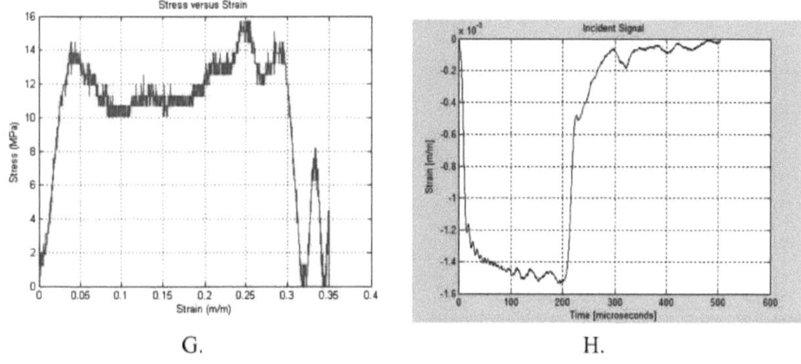

G. H.

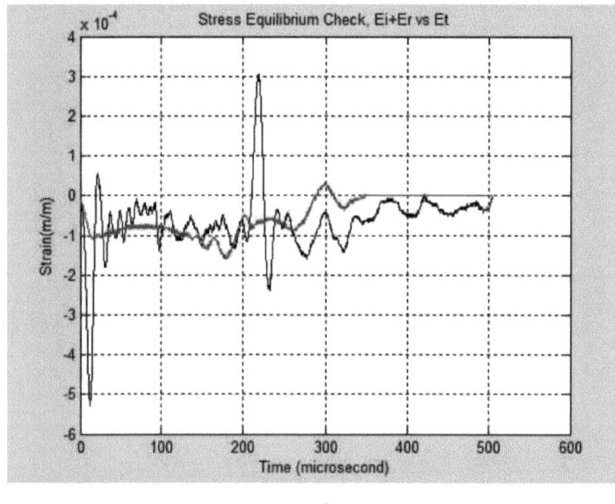

I.

Figura. 3.32. Resultados finais do compósito de espuma de alumínio 0,5wt.% GR, obtidos através do programa MATLAB: (a) impulso refletido vs. tempo; (b) taxa de deformação vs. tempo; (c.) deformação vs. tempo (d) 3 impulsos deslocados para o mesmo tempo de início. (e.) tensão vs tempo (f.) deformação vs tempo. (g.) Tensão vs deformação (h.) Sinais incidentes (i.) Verificação do equilíbrio de tensões.

Capítulo 4

Resultados

4.1 Resistência à compressão

O material celular à base de ligas de Al possui aplicação essencialmente nas áreas de resistência ao choque, nas quais o material deve ter a propriedade de absorver energia mecânica. Para conhecer a resistência ao choque do material, é necessário compreender o comportamento da resistência à compressão do material a baixas e altas taxas de deformação. A Figura 1 mostra um diagrama teórico tensão-deformação de um material metálico celular. O diagrama tensão-deformação mostra três regiões distintas: (i) região elástica linear inicial, (ii) região plana e (iii) região de densificação. Este tipo de comportamento é observado na compressão quase-estática e dinâmica do material metálico celular.

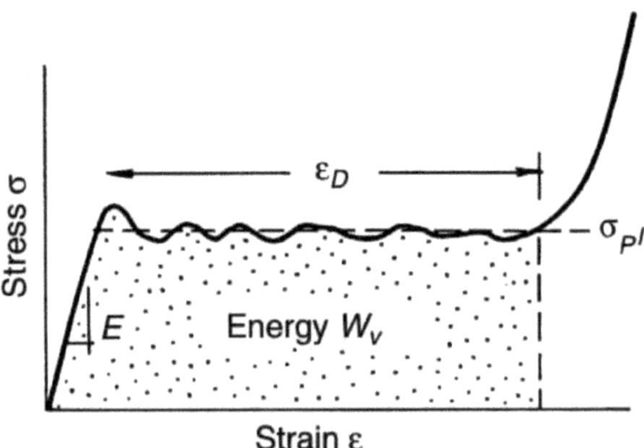

Fig 4.1 Curva tensão-deformação típica para espuma de alumínio sob carga de compressão (Referência: Metal Foams: A Design guide by M.F Ashby)

Nos últimos anos, tem-se verificado um aumento considerável do interesse na utilização de material metálico celular (espumas metálicas) para componentes estruturais leves e peças de absorção de energia, tais como nas indústrias automóvel, ferroviária e aeroespacial, para o que deve apresentar um patamar largo na curva tensão-deformação compressiva. Nestas aplicações, a espuma metálica é sujeita a deformações de alta velocidade (elevada taxa de deformação). O projeto para estas aplicações exige, portanto, uma caraterização completa das suas propriedades mecânicas sob uma vasta gama de taxas de deformação. As propriedades mecânicas quase estáticas das espumas de liga de alumínio, como a resistência à compressão e o módulo de elasticidade, têm sido amplamente estudadas. No entanto, sob condições de carga dinâmica, o estudo tem sido relativamente limitado devido à dificuldade de caraterizar o comportamento de alta taxa de deformação das espumas de liga de alumínio. Uma máquina servo-hidráulica é comum e conveniente para estudar a taxas de deformação mais baixas (inferiores a $10s^{-1}$). Pode ser utilizado um ensaio de impacto de queda de peso para diferentes geometrias de espécimes e permite uma variação fácil da taxa de deformação na gama de $100s^{-1}$ - $500s^{-1}$. No entanto, o sistema é muito sensível às condições de contacto entre o pêndulo e o provete. Por conseguinte, no presente estudo, foram efectuados ensaios de compressão estáticos e dinâmicos utilizando uma máquina de ensaio servo-hidráulica e uma unidade de barra de pressão Hopkinson, respetivamente. O ensaio estático foi efectuado a uma taxa de deformação de $0{,}001s^{-1}$ a $1s^{-1}$ e o ensaio dinâmico foi realizado a taxas de deformação na gama de $500\ s^{-1}$ a $2700s^{-1}$. Os resultados do comportamento de deformação a baixas e altas taxas de deformação são descritos nas secções seguintes:

4.2 Ensaios de compressão de espuma compósita de Al sem grafeno a taxas de deformação de $0{,}001s^{-1}$ a $1s^{-1}$ sob carga quase-estática

Os ensaios de compressão estática foram efectuados com uma máquina servo-hidráulica com taxas de deformação de $0{,}001s^{-1}$, a $1s^{-1}$. A densidade relativa das amostras foi de 0,21. A figura 4.2 mostra um diagrama típico de tensão-deformação de uma espuma compósita de liga de Al com 15 % em peso de SiC, com taxas de deformação de $0{,}001s^{-1}$, $0{,}01s^{-1}$, $0{,}1s^{-1}$ e $1s^{-1}$. O diagrama tensão-deformação mostra claramente uma região elástica linear inicial com um pico de tensão de 7,5 MPa, 8,0 MPa, 8,0 MPa e 6,5 MPa a taxas de deformação de $0{,}001s^{-1}$, $0{,}01s^{-1}$, $0{,}1s^{-1}$ e $1s^{-1}$ respetivamente. O diagrama tensão-deformação mostra uma região plana de tensão plana no intervalo de 8,00 MPa a 8,70 MPa. A tensão de densificação é de cerca de 0,28. A região de densificação pode ser vista após o valor de deformação de 0,28. Vale a pena notar que a tensão da região de planalto aumenta com a deformação, o que se deve principalmente ao reforço da parede celular devido ao comportamento de endurecimento por deformação.

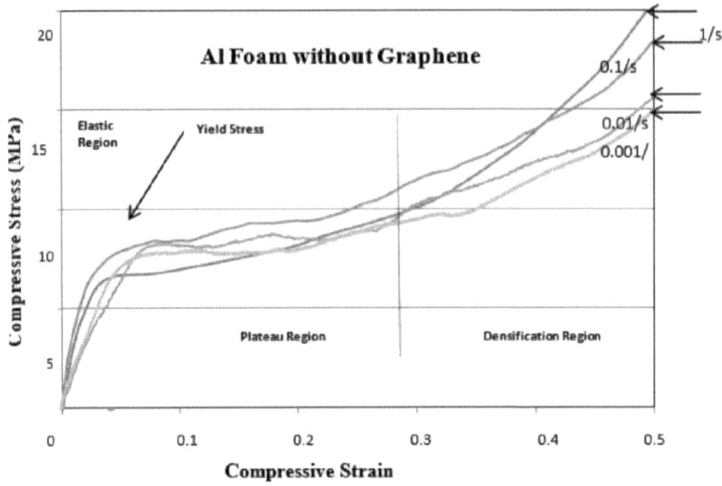

Fig. 4.2: Diagrama tensão-deformação compressiva da espuma compósita de Al-SiC sem grafeno com taxas de deformação de 0,001s'[1] a 1s^[1] .

A absorção de energia pela espuma composta de Al é calculada utilizando a relação abaixo indicada:

$$L_{ab} = E \text{ (absorbed energy)} = \int_0 \sigma p / \varepsilon d \quad (4.1)$$

Strain Rate (s^{-1})	Peak Stress(MPa)	Plateau Stress (MPa)	Energy Absorption (MJ/m^3)
0.001	7.5	8.00	2.24
0.01	8.0	8.00	2.24
0.1	8.0	8.70	2.18
1.0	6.5	8.00	2.24

Tabela 4.1 Efeito da taxa de deformação na tensão de patamar e na absorção de energia da espuma compósita de Al sem grafeno sob condições de carga quase estáticas.

A Figura 4.3 mostra o efeito das taxas de deformação na tensão de patamar da espuma compósita de Al-SiC sem grafeno sob condição de carga quase-estática. Verifica-se que a tensão de patamar é a mesma em condições de carga quase estática, em toda a gama de taxas de deformação utilizadas no presente estudo. Isto mostra que a tensão de patamar não é sensível à taxa de deformação em condições de carga quase-estática. A deformação de densificação também é independente da taxa de deformação. A Figura 4.4 mostra o efeito da taxa de deformação na absorção de energia da espuma composta de liga de Al-SiC sem grafeno sob condições de carga quase estáticas. A absorção de energia é quase constante em aproximadamente 2,24 MJ/m^3 .

4.3 Ensaios de compressão de espuma composta de Al com 0,5% de grafeno a uma taxa de deformação de 0,001s^^{1} a 1s^^{1} sob carga quase estática

No compósito Al-SiC, 0,5wt. % de grafeno é misturado com partículas de SiC e adicionado à liga de Al líquida para formação de espuma. A Figura 4.5 mostra um diagrama tensão-deformação compressiva de uma espuma de compósito de Al com 0,5% de GR, deformada com taxas de deformação de 0,001s'^{1} , 0,01s'^{1} , 0,1s'^{1} e 1s^^{1} . A figura mostra uma região elástica inicial com tensões de pico e uma região plana de tensões de planalto no intervalo de 11 MPa a 12 MPa. A tensão de densificação é encontrada em torno de 0,32. Após a deformação de densificação, verifica-se que a tensão aumenta com a deformação. A região de densificação é claramente visível no diagrama e assinalada na Fig. 4.5. A absorção de energia é calculada e encontrada em torno de 3,30 MJ/m^3 a 3,83 MJ/m^3 . Observa-se que a dispersão de partículas de grafeno na espuma composta de liga de Al aumenta a tensão de platô de 8,0 MPa na espuma composta sem grafeno para 11 MPa na espuma composta com grafeno testada com taxas de deformação de 0,001s'^{1} a 1s'^{1} (Fig. 4.6). A absorção de energia pela espuma com grafeno é de cerca de 3,5 MJ/m^3 (Fig. 4.7), o presente resultado mostra que, dispersando 0,5 wt. % de grafeno com 10% de partículas de SiC, a tensão de platô da espuma composta de Al é aumentada em 37% e a absorção de energia é aumentada em 56%.

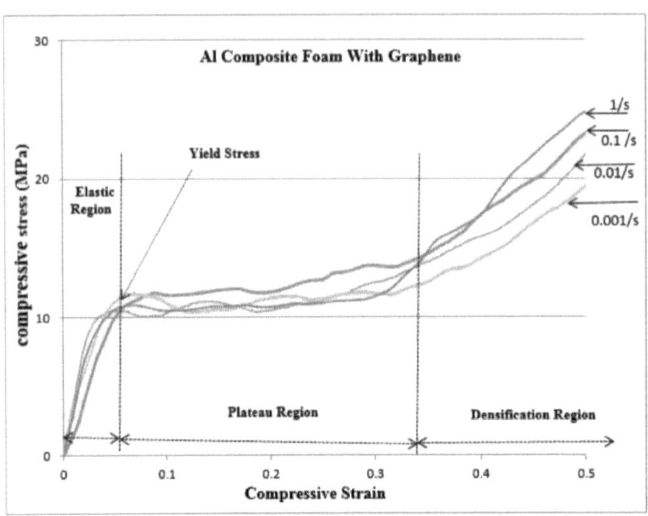

Figura 4.3. Diagrama tensão-deformação compressiva da espuma compósita de Al com Grafeno a diferentes taxas de deformação de $0,001s^{-1}$, $0,01s^{-1}$, $0,1s^{-1}$ e $1s^{-1}$.

Strain Rate (s^{-1})	Peak Stress(MPa)	Plateau Stress (MPa)	Energy Absorption (MJ/m^3)
0.001	11	11	3.52
0.01	10.5	11	3.30
0.1	11	12	3.84
1.0	11	11	3.3

Tabela 4.2 Efeito da taxa de deformação na tensão de patamar e na absorção de energia da espuma composta de Al-SiC reforçada com grafeno em condições de carga quase estática.

Os resultados acima referidos permitiram concluir que a adição de grafeno à espuma composta de liga de Al mostra propriedades melhoradas em termos de tensão de planalto e absorção de energia. Tendo em conta este comportamento, é de opinião que se devem efetuar ensaios dinâmicos mais detalhados com a espuma compósita de liga de Al reforçada com grafeno utilizando a unidade de barra de pressão Split Hopkinson (SHPB). Por conseguinte, os resultados descritos nas secções seguintes restringem-se exclusivamente à espuma compósita de liga de Al com grafeno em condições de ensaio dinâmico. Comportamento de compressão a alta taxa de deformação.

4.4 Comportamento de compressão de alta taxa de deformação

A unidade Split Hopkinson Pressure Bar (SHPB) foi utilizada para estudar o comportamento dinâmico de compressão da espuma híbrida composta de Al. No presente estudo, foi utilizada uma gama de taxas de deformação (500 - 2700 /s). A densidade relativa (RD) das amostras de espuma compósita de Al utilizadas situou-se no intervalo de 0,23 - 0,29. Os diagramas tensão-deformação obtidos são apresentados na Fig.4.4(A-G). O diagrama tensão-deformação mostra claramente uma região elástica inicial seguida de um pico de tensão e, depois disso, a tensão desce para um valor mais baixo e menciona um valor de tensão constante (tensão de patamar) no qual toda a amostra de espuma metálica se deforma. A tensão de pico é a tensão máxima que a amostra de espuma metálica pode suportar, sendo designada por tensão de cedência. A Figura (a) mostra um gráfico típico de tensão-deformação de uma amostra de espuma de Al com RD: 0,23. A Figura 5a mostra claramente que a tensão de patamar aumenta com a taxa de deformação. A taxas de deformação de 500/s e 1000/s, a tensão de patamar é de cerca de 10 MPa e aumenta para 20 MPa a taxas de deformação de 2300/s e 2750/s. As figuras (b), (c), (d), (e), (f) e (g) apresentam o diagrama tensão-deformação da espuma de liga de Al com densidades relativas de 0,24, 0,25, 0,26, 0,27, 0,28 e 0,29, respetivamente. Todos os diagramas apresentam tendências semelhantes às da Fig. 5a. acima. A absorção de energia da amostra de espuma de Al sob carga dinâmica foi determinada através da determinação da área sob o diagrama tensão-deformação e os seus resultados são apresentados na Fig. 4.5. A uma taxa de deformação de 500/s, a absorção de energia é de 0,08 MJ/m^3 e aumenta para 4,4 MJ/m3 quando a amostra é ensaiada a uma taxa de deformação de 2750/s.

Resultados semelhantes foram registados para outras amostras de espuma de Al de densidade relativa 0,23 a 0,29. A Tabela 4.3 mostra a variação da tensão de compressão em função da deformação de espumas compósitas híbridas de liga de Al de baixa densidade (0,64 g/cc) e de alta densidade (0,81 g/cc). Note-se que a densidade da espuma de liga de Al escolhida no âmbito do presente domínio experimental não tem qualquer efeito nos valores de tensão-deformação. O diagrama tensão-deformação é sensível à taxa de deformação. Foi observado um fenómeno de reforço da taxa de deformação. É importante notar que a tensão de patamar é duplicada quando a taxa de deformação aumenta de 500/s para 2700/s.

A. RD:0.23)

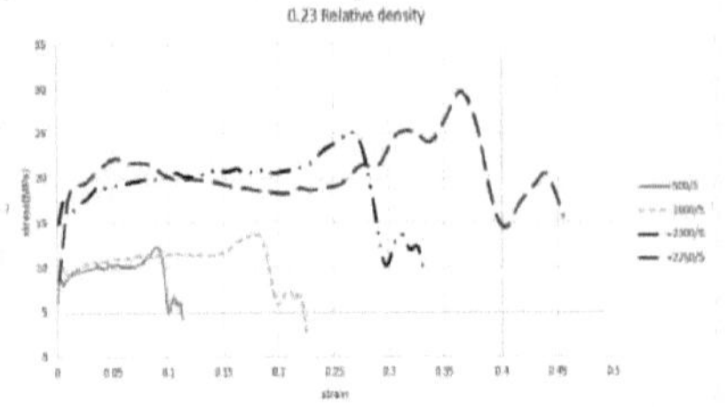

B. RD: 0.24

C: RD: 0.25

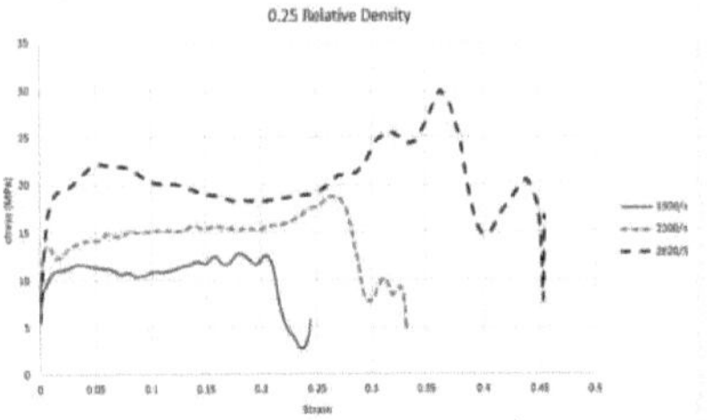

D. RD: 0.26

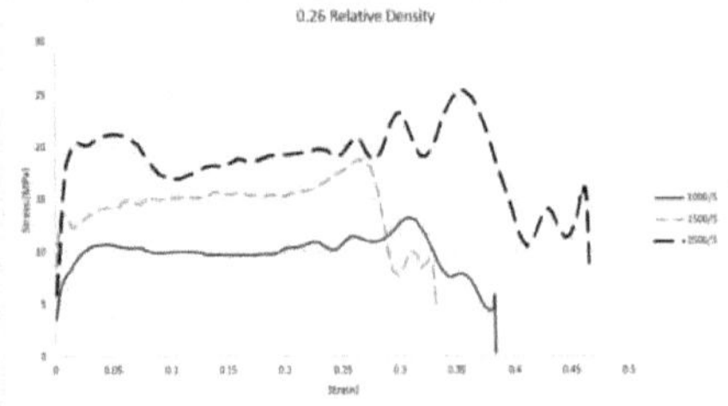

E. RD: 0.27

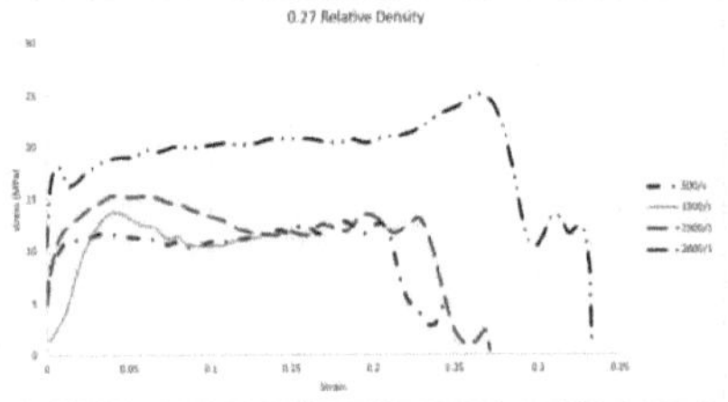

F. RD: 0.28

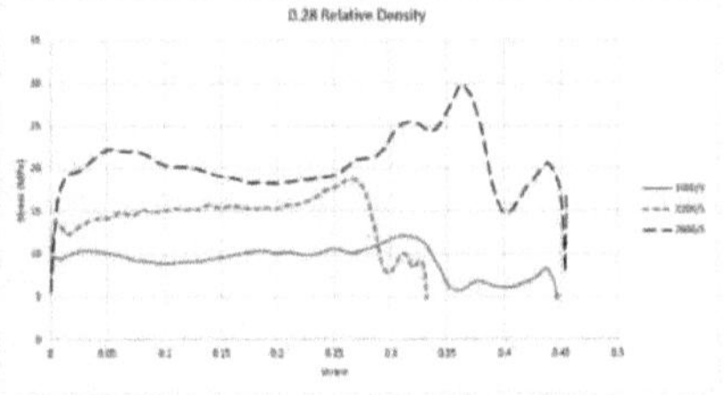

G. RD: 0.29

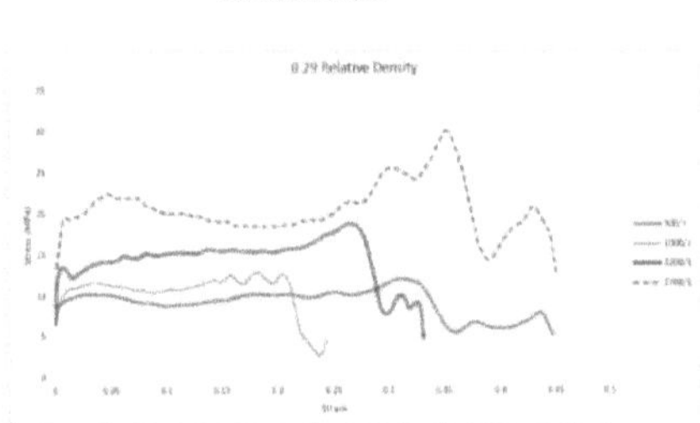

Fig. 4.4 (A-G) Diagrama tensão-deformação da espuma compósita híbrida de liga de Al (densidade relativa: 0,23 a 0,29) a diferentes taxas de deformação (500/s^{-1} a 2760/s $^{-1}$

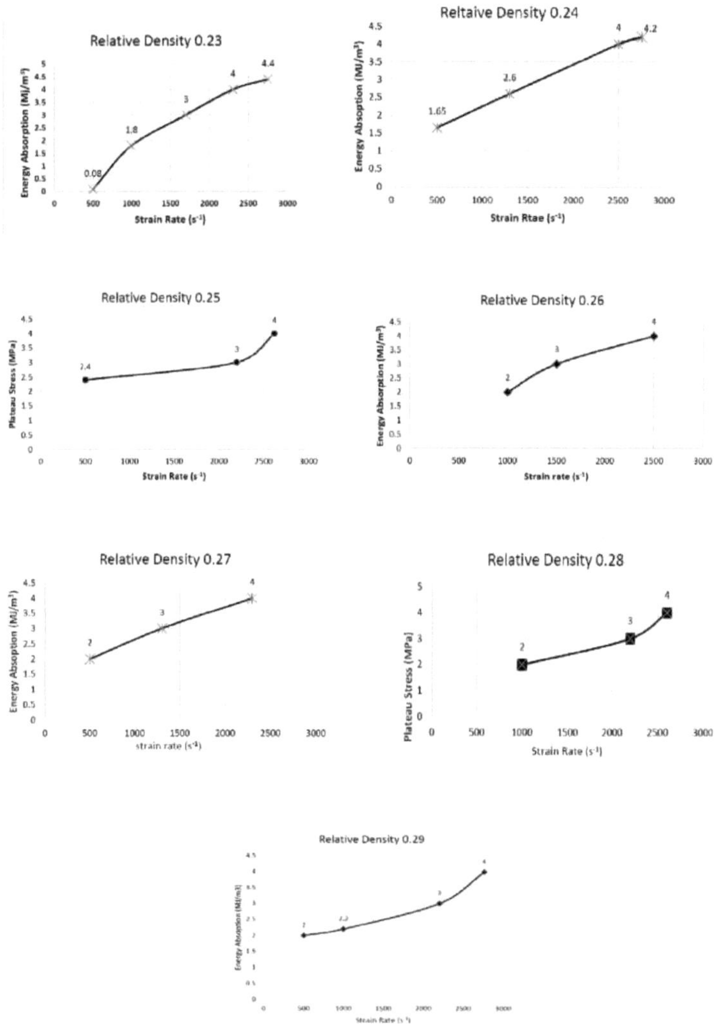

Fig. 4.5 Absorção de energia em função da taxa de deformação da espuma de Al (RD: 0,23 - 0,29)

Relative Density	Actual Density of Foam (gm/cc)	Strain Rate (s^{-1})	Yield Stress MPa	Plateau Stress MPa	Plateau Strain	Energy Absorption MJ/m³
0.23	0.64	500	8	10	0.08	0.8
		1000	10	12	0.15	1.8
		2300	18	20	0.20	4.0
		2750	22	22	0.25	5.5
0.24	0.67	500	10	11	0.15	1.65
		1300	14	13	0.20	2.6
		2500	18	20	0.24	4.8
		2760	23	21	0.25	5.25
0.25	0.70	1300	11	12	0.15	1.8
		2200	13	15	0.20	3.0
		2620	22	20	0.25	5.0
0.26	0.73	1000	11	10	0.25	2.5
		1500	13	15	0.22	3.3
		2500	21	20	0.27	5.4
0.27	0.75	500	12	12	0.15	1.8
		1300	14	13	0.14	1.82
		2300	15	14	0.20	2.80
		2600	18	20	0.22	4.40
0.28	0.78	1000	10	10	0.26	2.6
		2200	13	15	0.25	3.75
		2600	22	21	0.25	5.25
0.29	0.81	500	10	10	0.27	2.7
		1000	11	11	0.20	2.2
		2200	14	15	0.22	3.3
		2760	22	20	0.25	5.0

Tabela 4.3: Valores da tensão de pico, tensão de platô, deformação de platô, absorção de energia e densidade da espuma composta de Al com grafeno a várias taxas de deformação

Capítulo 5

Discussão dos resultados

O comportamento de deformação das espumas de alumínio reforçadas com folhas de nano grafeno, tanto quanto sabemos, não foi estudado em pormenor em condições dinâmicas (taxa de deformação >100s^{-1}). Se a absorção de energia for maior com uma carga dinâmica mais elevada, é preferível utilizar menos materiais de espuma; por outro lado, se a absorção de energia destes materiais for menor com uma taxa de deformação mais elevada, subestimar-se-ão os materiais de espuma a utilizar com uma taxa de deformação mais elevada. Consequentemente, para a conceção eficiente e óptima de componentes de espuma para absorção de energia de choque e impacto, é necessário examinar e compreender o comportamento e o mecanismo de deformação em condições dinâmicas (taxa de deformação >100s-1 e até cerca de 3000s^{-1}). A presente tese tem por objetivo compreender o comportamento de deformação da espuma composta de Al com e sem grafeno em condições de carga estática e dinâmica.

5.1 Microestrutura da espuma de grafeno Al

A Figura 5.1 mostra uma micrografia SEM da estrutura da espuma. Mostra poros de tamanho 500 µm e partículas de SiC distribuídas nas paredes celulares. A Figura 5.2 mostra uma micrografia SEM de maior ampliação que mostra as partículas de SiC nas paredes celulares.

Figura 5.1 Micrografia SEM da espuma de Al-SiC com grafeno mostrando os poros e a distribuição das partículas de SiC nas paredes celulares

Adicionalmente, no presente trabalho, 0,5wt. % de grafeno foi disperso juntamente com partículas de SiC. A Figura 5.1 mostra uma microestrutura típica de nanofolhas de grafeno que não estão num compósito de Al. Uma micrografia de maior ampliação mostra claramente a estrutura em folha do grafeno (Fig. 5.2). As nanofolhas de grafeno estão normalmente ligadas às partículas de SiC e formam uma ligação melhorada entre o Al-SiC e o grafeno. Devido à adição de grafeno na espuma composta, a tensão de platô, bem como a absorção de energia da espuma, é aumentada em 20-25% (compare as Tabelas 4.1 e 4.2). Wang et.al (83) também relataram que a adição de 0,3% de folhas de nano grafeno na liga de Al aumentou a resistência à tração em 62% em relação à liga não reforçada.

Figura. 5.2 Micrografia de maior ampliação de folhas de grafeno

É óbvio, a partir da presente investigação, que as partículas de SiC contribuíram simplesmente para a estabilidade da espuma e, por outro lado, as folhas de nano grafeno facilitam o reforço das paredes celulares para além da estabilidade.

Os gráficos de tensão-deformação do estudo da deformação por compressão da espuma de liga de Al-SiC e da espuma composta de liga de Al com grafeno mostram três regiões distintas. Estas são uma região elástica linear inicial, em segundo lugar uma região plana e, por último, uma região de densificação. Durante a deformação compressiva da espuma, o mecanismo de deformação processa-se através de um mecanismo de compressão camada a camada. Na fase inicial, a camada superior é deformada, o que mostra a região elástica inicial do gráfico de deformação compressiva tensão-deformação. Na fase elástica inicial

Quando a tensão aumenta na região, a flexão das paredes celulares e dos bordos controla a deformação e a carga é transferida para a camada seguinte. Ao aumentar a tensão, ocorre a deformação da camada seguinte e, desta forma, a uma tensão fixa, o material celular é comprimido com o aumento da tensão (24). À medida que o valor da tensão aumenta, as paredes das células tocam-se normalmente e o material é densificado a uma tensão de patamar constante. O material da espuma sofre um encurvamento da parede celular e a banda de deformação é perpendicular à direção da carga, na qual ocorre o colapso plástico das células. Também se nota que o aumento marginal na região do patamar, como se vê principalmente na carga quase estática, é representado principalmente pelo comportamento de endurecimento por deformação do material da parede celular. É um facto bem conhecido que as ligas de Al são susceptíveis de endurecimento por deformação e ligas como Al 5083 contendo 5,5% de Mg sustentam a ductilidade (59). As partículas de SiC que são adicionadas à matriz de Al têm como principal objetivo aumentar a viscosidade do metal líquido e facilitar a estabilidade da estrutura da espuma. A presença de SiC na parede celular afecta em grande medida as propriedades elásticas e o mecanismo de rutura da amostra de espuma. Na deformação por compressão da espuma composta Al 5083 Alloy-SiC, a amostra é comprimida sem fraturar. Em alguns casos, observou-se que a amostra de espuma sofre uma fratura grave durante os ensaios de compressão, o que acontece principalmente devido à segregação de partículas de SiC nas paredes celulares e também depende da liga da matriz utilizada para fazer a espuma. Durante o processo de deformação, as fissuras nucleiam-se principalmente nas interfaces Al-SiC e depois propagam-se e juntam-se para formar a fratura das paredes celulares. No caso da espuma compósita de Al com grafeno, o diagrama tensão-deformação mostra uma melhoria da tensão de planalto em relação à espuma compósita de Al-SiC. A absorção de energia da espuma compósita de Al com grafeno também apresenta melhorias em relação à espuma compósita de Al-SiC.

É interessante notar que o rácio da tensão de planalto da espuma composta de Al com grafeno em relação à espuma composta de Al-SiC sem grafeno é 1,2 a 2,0 vezes superior e em função da taxa de deformação. Tendências semelhantes dos resultados comunicados por Kang Ying-an et.al. (84) nas suas experiências com espuma de Al-SiC de célula fechada de densidade 0,457 gm/cc (densidade inferior à nossa (0,65 g/cc)) mostram que a tensão de pico e a tensão de patamar aumentam com a taxa de deformação. A tensão de pico (2,8 MPa) e a tensão de patamar (3,4 MPa), tal como referido por Kang Ying-an et.al (84), são inferiores aos nossos resultados. Este facto pode dever-se a uma densidade inferior. Contudo, as suas experiências em ensaios dinâmicos restringiram-se a uma taxa de deformação de $1600s^{-1}$. O rácio de absorção de energia da espuma composta de Al com grafeno em relação à espuma de Al-SiC sem grafeno situa-se entre 1,29 e 2,08. Hamada et.al (85) estudaram os testes de compressão estáticos e dinâmicos da espuma de liga de Al-Ca de célula fechada e relataram que a tensão dinâmica de platô das espumas de liga de Al era cerca de 1,1 vezes maior do que a estática. No entanto, no nosso caso, é de 1,24 na taxa de deformação de 500s -1 para 1,6 vezes na taxa de deformação de 1300s^{-1} . Esta melhoria deve-se essencialmente às folhas de nano grafeno. Isto indica claramente que a adição de folhas de nano grafeno à espuma composta de Al-SiC aumentou a tensão de platô e a capacidade de absorção de energia da espuma de liga de Al. Observa-se na presente investigação que a absorção de energia específica no ensaio estático e no ensaio dinâmico (até uma taxa de deformação de 1300^{-1}). Resultados semelhantes foram registados por Kenny et.al (53). No entanto, acima de uma taxa de deformação de 1300s^{-1} , a absorção de energia é muito mais elevada do que no ensaio estático. Os resultados acima referidos são bastante semelhantes aos resultados observados no presente estudo. Deshpande e Fleck (54) estudaram as espumas Alulight (poros fechados) e Duocel (poros abertos) em ensaios quase-estáticos (0,001s^{-1}) e dinâmicos SHPB, (3680s^{-1}) e referiram que a tensão de patamar (10 MPa - 11 MPa) em ambos os casos é mais ou menos a mesma e não é sensível à taxa de deformação, mas que há uma alteração na natureza da curva (a espuma Duocel apresenta uma curva mais suave do que a espuma Alulight). Pal e Ramamurthy (57) estudaram o comportamento de compressão da espuma Alporas de célula fechada a uma taxa de deformação de 10 $s^{-5.1}$ a 10 $s^{-1.1}$.

Os seus resultados mostraram que a tensão de patamar e a absorção de energia aumentaram em 31 e 52,5 % à medida que a taxa de deformação aumenta. Os valores da tensão de patamar e da absorção de energia registados por Pal e Ramamurthy (57) são ligeiramente inferiores aos nossos valores. Este facto pode dever-se à presença de folhas de nano grafeno nas paredes celulares da espuma.

Na presente investigação, tentou-se investigar o comportamento de deformação compressiva da espuma de Al-Composto com Grafeno a densidades relativas na gama de 0,23 a 0,29 testadas a taxas de deformação de 1000s^{-1} , - 2760s^{-1} (Tabela 5.1, 5.2, 5.3). Observou-se que a taxa de deformação a 1000s^{-1} , a tensão de patamar encontrada na gama de 10-13 MPa das densidades 0,23 a 0,29. Isto mostra claramente que a densidade do material de espuma utilizado no presente domínio experimental não foi muito afetada pela tensão de patamar. Do mesmo modo, a uma taxa de deformação de 2700s^{-1} , a tensão de patamar encontrada na gama de 20-22 MPa do material de espuma de densidade relativa 0,23-0,29. Isto confirma mais uma vez que a densidade, na gama 0,23-0,29, não afectará muito a tensão de patamar. Foi também observado nas tabelas que, a uma taxa de deformação de 1000s -1, a absorção de energia do material de espuma se situa no intervalo de 2-2,4 MJ/m^3 . Para a espuma testada a uma taxa de deformação de 2700s $-^1$, a absorção de energia situa-se entre 4,0 e 4,4 MJ/m^3 .

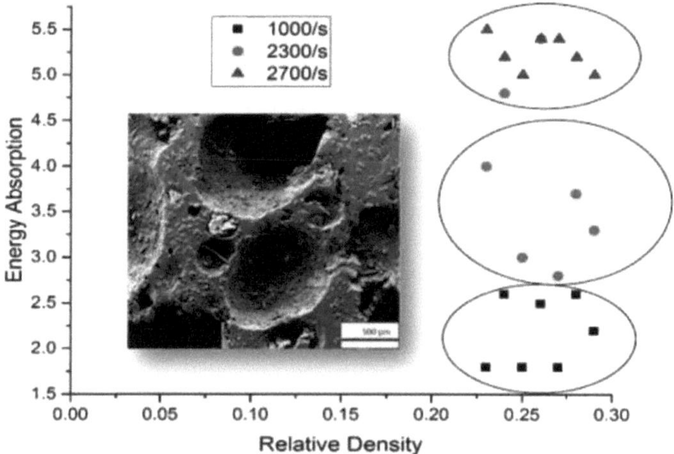

Figura.5.3 Mostra o efeito da densidade relativa na absorção de energia de Espuma de alumínio reforçada com grafeno taxa de deformação 1000 s^{-1} ,2300 s^{-1} ,2700 s^{-1}

CONCLUSÕES

1. A espuma composta de Al de célula fechada com tamanho de poro em torno de 500-700 *μm* e densidade relativa na faixa de 0,23 a 0,29 foi estudada sob carga estática e dinâmica em várias taxas de trem. As partículas de SiC foram adicionadas à liga de Al fundido para alcançar a estabilidade da estrutura da espuma). 0,5wt. % de folha de nano grafeno foi dispersa com partículas de SiC para reforçar as paredes celulares. Na presente investigação, a quantidade de grafeno é limitada a 0,5% porque 0,5% de grafeno tem um volume bastante apreciável e, ao dispersar o grafeno na liga de Al fundida, a viscosidade do metal líquido parece aumentar e o manuseamento (agitação) da massa fundida seria um problema.

2. O diagrama tensão-deformação compressiva mostra três regiões distintas, nomeadamente a região elástica linear, a região plana de planalto e, finalmente, a região de densificação. Na maior parte dos casos, a região do planalto é plana, no entanto, em alguns casos, a região do planalto significa um aumento da tensão com a deformação. Este comportamento crescente da tensão com a deformação é principalmente observado devido ao endurecimento por deformação das paredes celulares. Em alguns casos, depois de atingir o pico de tensão, em vez de manter uma tensão constante para a deformação, observou-se uma tendência decrescente da tensão com a deformação, o que se deve principalmente à presença de defeitos na estrutura da espuma. Quando todo o material se densifica, verifica-se um aumento acentuado da tensão com a deformação.

3. Foi utilizada uma máquina servo-hidráulica para estudar o comportamento compressivo da espuma sob condições de carga quase-estática testada a taxas de deformação de $0{,}001s^{-1}$, $0{,}01s^{-1}$, $0{,}1s^{-1}$ e $1{,}0s^{-1}$. O

observou-se que a taxa de deformação não tem qualquer efeito na tensão de patamar e na absorção de energia da espuma composta de Al-SiC no domínio da taxa de deformação utilizada no presente estudo. A partir do diagrama tensão-deformação, a tensão de patamar é de cerca de 8 MPa e a absorção de energia é calculada e encontrada em cerca de 2-3 MJ/m^3 . Nas mesmas condições experimentais, a espuma composta híbrida apresenta uma tensão de patamar mais elevada (10 MPa) e a absorção de energia é de cerca de 3-5 MJ/m^3 . A tensão de plateau e a deformação de densificação são independentes da taxa de deformação aplicada.

4. Curvas dinâmicas de tensão-deformação por compressão da espuma híbrida de células fechadas de Al, de diferentes densidades relativas, ensaiada com uma taxa de deformação de $500s^{-1}$ a $2700s^{-1}$.
O patamar

é sensível à taxa de deformação mas insensível à deformação de densificação. Observa-se também que a tensão de patamar é insensível à densidade relativa da espuma de grafeno Al. A tensão de patamar aumenta com a taxa de deformação, sendo este aumento de cerca de 1,5 vezes, independentemente da densidade relativa

do material. A absorção de energia pela espuma de grafeno Al também aumenta com a taxa de deformação. O aumento da absorção de energia é de cerca de 2 vezes, independentemente da densidade relativa.

5. A essência da presente tese reside no facto de existir uma ampla margem de manobra no desenvolvimento de espumas híbridas de Al de célula fechada com a adição de grafeno em nanofolhas. A presença de grafeno nas paredes celulares aumenta a resistência das paredes celulares em grande medida e a estabilidade da estrutura da espuma em certa medida.

FUTURO ÂMBITO DE TRABALHO

A espuma híbrida de liga de alumínio reforçada com grafeno revela-se um material potencial para melhorar as propriedades mecânicas e as propriedades de absorção de energia. Este tipo de espuma metálica apresenta aplicações potenciais na resistência ao choque e na atenuação do ruído e das vibrações, essencialmente nos sectores dos transportes. Para satisfazer a procura de tais aplicações, os materiais de espuma devem ser testados numa gama de taxas de deformação desde $0,001s^{-1}$ até $4000s^{-1}$. Em quase

estáticos, os ensaios de compressão do material podem ser avaliados por uma máquina servo-hidráulica de precisão, que pode fornecer uma taxa de deformação de $100s^{-1}$. De forma semelhante, uma unidade de barra de pressão Split Hopkinson pode fornecer as propriedades de compressão na gama de deformação de $1000s^{-1}$ a

4000^{-1} . Na gama de taxas de deformação superiores a $100s^{-1}$ a $1000s^{-1}$, pode ser utilizada uma unidade de ensaio de queda. Ao consultar a literatura sobre o comportamento de deformação da espuma de Al, não foi possível encontrar uma literatura que discutisse a espuma híbrida composta com grafeno. Existem alguns

A informação disponível na literatura refere que a adição de 0,3 wt.% de grafeno pode aumentar a resistência do compósito normal em 63%. Na minha opinião, dever-se-ia tentar utilizar compósitos híbridos reforçados com grafeno para fabricar espuma de Al de célula fechada para aplicações de resistência ao choque. Além disso, verificou-se também que os multicanais preenchidos com espuma poderiam ser um produto útil para várias aplicações de atenuação do ruído e da vibração e para o acidente. Nos últimos dias, tem sido dada uma ênfase considerável às aplicações de resistência ao choque em automóveis e caminhos-de-ferro. Também se deve projetar painéis resistentes a explosões utilizando espuma híbrida de Al como núcleo e chapa de aço como material de cobertura. Para a atenuação do ruído e das vibrações, devem procurar-se painéis em sanduíche com núcleo de espuma e folhas de polímero. A partir da presente investigação, observou-se que a tensão de densificação é limitada a 0,3-0,4. Este valor está muito abaixo das expectativas para a conceção de um componente, pelo menos para aplicações de resistência ao choque. Por conseguinte, é necessário estudar a forma de aumentar o valor da deformação de densificação, mantendo constante a tensão de patamar, para que se possa utilizar o máximo de material de espuma na aplicação de colisão. Além disso, para se compreender bem o mecanismo de deformação da espuma, a flexão da parede celular, etc., deve proceder-se a uma observação pormenorizada por SEM de alta resolução em cada taxa de deformação. Estas tendências de investigação acima destacadas não seriam possíveis para um único estudante, dentro do prazo limitado disponível, mas poderiam ser realizadas pelos estudantes subsequentes disponíveis de tempos a tempos.

Referências

1 Gibson, L. J.,& Ashby, M. F. (1997) Cellular solids 2nd Edition, Cambridge University Press New York.

2 T. J. Lu, Audrey Hess, e M. F. Ashby, Sound absorption in metallic foams, J. Appl. Phys., Vol. 85, No. 11, 1 de junho de 1999, pp-7528-7539

3 John Banhart, Manufacture, characterization and application of cellular metals and metallic foams, Prog Mater. Sci. 46 (2001)559-632.

4 Miyoshi T, Itoh M, Akiyama S, Kitahara K., Espuma de Alumínio ALPORAS: Processo de produção, propriedades e aplicações Adv. Eng. Mater 2(4), (2000)179-183

5 D.P.Mondal, M.D. Goel e S. Das, Características de deformação compressiva e de absorção de energia de uma espuma compósita de células fechadas de alumínio e partículas de cinzas volantes Mater. Sci. Eng.A, 507, 102(2009).

6 John Banhart, Manufacturing routes for metallic foam J. Metal, 12, 22 (2000).

7 P. H. Thornton, C. L. Magee: A deformação de espumas de alumínio, *Metallurgical Transacções A*, 6A (1975) 1253-1263.

8 F. Han, Z. Zhu, J. Ga: Deformação por compressão e caraterística de absorção de energia da espuma de alumínio, *Metallurgical Transactions A*, 29A **(1998)** 2497-2502.

9 W. Andrews, W. Sanders, L. J. Gibson: Compressive and tensile behavior of aluminum foams, *Materials Science and Engineering A*, 270 **(1999)** 113-124.

10 P. J. Tan, S.R. Reid, J.J. Harrigan, Z. Zou, S. Li: Propriedades dinâmicas de resistência à compressão de espumas de alumínio. Part I-Experimental data and observations, *Journal of the Mechanics and Physics of Solids*, 53 (2005) 2174-2205.

11 X. Zhang, G. Cheng: A comparative study of energy absorption characteristics of foam-filled and multi-cell square columns, International Journal of Impact Engineering, 34 (2007) 1739-1752.

12 F.Campana, D.Pilone: Effect of wall microstructure and morphometric parameters on the crush behavior of Al-alloy foams, *Materials Science & Engineering A*, 479(1-2) (2008) 58-64.

13 Z. Li, J. Yu, L. Guo: Deformação e absorção de energia de tubos preenchidos com espuma de alumínio submetidos a carregamento oblíquo, *International Journal of Mechanical Sciences*, 54 (2012) 48-56.

14 P. Pinto, N. Peixinho, F. Silva, D. Soares: Propriedades compressivas e absorção de energia de espumas de alumínio com geometria celular modificada, *Journal of Materials Processing Technology*, 214 (2014) 571-577.

15 S. Mohsenizadeh, R. Alipour, M. Shokri Rad, A. Farokhi Nejad, Z. Ahmad: Crashworthiness assessment of auxetic foam-filled tube under quasi-static axial loading, *Materials, and Design*, 88 (2015) 258-268.

16 Y. Alvandi-Tabrizi, D.A. Whisler, H. Kim, A. Rabiei: High strain rate behavior of composite metal foams, *Materials Science & Engineering A*, 631 (2015) 248-257.

17 D. Karagiozova, D.W. Shu, G. Lub, X. Xiang: Sobre a absorção de energia de materiais de espuma reforçada com tubos sob compressão quase-estática e dinâmica, *International Journal of Mechanical Sciences*, 105 (2016) 102-116.

18 Jiwei Wang, Xudong Yang, Miao Zhang, Jiajum Li, Chunsheng Shi, Naiqin Zhao, Tianchun Zou, Uma nova abordagem para obter espumas de alumínio reforçadas com nano tubos de carbono de crescimento in-situ com propricdades melhoradas, Materials Letters, 161 (2015)763-766.

19 Isabel Duarte, Eduardo Ventura, Sisana Olhero, Jose MF Ferreira, Uma nova abordagem para preparar espumas de liga de alumínio reforçadas por nano tubos de carbono, Materials Lett. 160 (2015)162-166.

20 Min Zeng, Han Wang, Chong Zhao, Jiake Wei, Wenlong Wang, Xuedong Bai, fosfato de cobalto suportado por espuma de grafeno 3D e electrocatálise de borato para oxidação de água de alta eficiência, Sic. Bull, 60(16) 2015, 1426-1433.

21 Yarjan Abdul Samad, Yuanqing Li, Saeed M. Alhassan, Kin Liao, Compósito de espuma de grafeno noval com sensibilidade ajustável para aplicações de sensores, Appl. Mater and Interfaces, DOI:10.1021/acsami.5b01608 (2015)

22 Reforço com nanofolhas de grafeno em compósitos de matriz de alumínio, Jingyue Wang, a Zhiqiang Li, Genlian Fan, Huanhuan Pan, Zhixin Chenb, e Di Zhanga, Scripta Materialia, 66 (2012) 594-597

23 Meador, M. A., et al. (2010). RASCUNHO do Roteiro das Nanotecnologias Área tecnológica 10. Administração Nacional da Aeronáutica e do Espaço (NASA).

24 L.-Y. Chen et al., Novel Nano processing route for bulk graphene nanoplatelets nanocompósitos de matriz metálica reforçada, Scripta Materialia 67 (2012) 29-32.

25 F. Chen et al., Efeitos do conteúdo de grafeno na microestrutura e propriedades de compósitos de matriz de cobre, Carbono 96 (2016) 836-842.

26 Bancroft, D.,'The velocity of longitudinal Waves in cylindrical Bars', physical Review, V.59 No.59, (1941) pp.588-593.

27 D. A. Gorham, "A numerical method for the correction of dispersion in pressure bar signals",

Journal of Physics E: Scientific Instruments, vol. 16, pp. 477-479, 1983

28 P. S. Follansbee, C. Frantz, "Wave Propagation in the Split Hopkinson Pressure Bar", Journal of Engineering Materials and Technology, vol. 105, pp. 61-66, 1983

29 J. C. Gong, L. E. Malvern, D. A. Jenkins, "Dispersion Investigation in the Split Hopkinson Pressure Bar", Journal of Engineering Materials and Technology, vol. 112, pp. 309-314, julho de 1990.

30 J. M. Lifshitz e H. Leber, "Data processing in the Split Hopkinson Pressure bar tests", International Journal of Impact Engineering, vol. 15, n.º 6, pp. 723-733, 1994

31 Bertram Hopkinson, "A method of Measuring the Pressure produced in the Detonation of High Explosives or by the Impact of Bullets", Philosophical Transactions of the Royal Society of London, Series A, vol. 213, pp. 437-456, 1914

32 H. Kolsky, "An Investigation of the mechanical properties of Materials at very high rates of loading", Proc. Phys. Soc. (Londres), vol. 62B, pp. 676-700, 1949

33 Bazle A. Gama, Sergey L. Lopatnikov, John W. Gillespie Jr., "*Hopkinson bar experimental technique: A critical review* ", American Society of Mechanical Engineers, vol. 57, No. 4, pp. 223-250, julho de 2004

34 George T. (Rusty) Gray III, "Classic Split-Hopkinson Pressure bar testing", ASM Handbook, vol. 8: Mechanical Testing and Evaluation, pp. 462-476, 2000

35 R.M. Davies, A critical study of the Hopkinson pressure bar, Philosophical Transactions A 240 (1948), 375-457.

36 P.S. Follansbee e C. Frantz, Propagação de ondas na pressão de Hopkinson dividida bar, J. Engng. Materials and Tech. 105 (1983), 61-66.

37 Jin *et al. (1990)* Method of producing lightweight foamed metal (Método de produção de espuma metálica leve). Patente dos EUA n.º 4.973.358. Jin *et al.* (1992) Corpo de espuma metálica estabilizada. Jin *et al.* (1993) Metal leve com poros isolados e sua produção. Patente dos EUA nº 5,221,324. Kenny *et al.* (1994) Processo de moldagem de espuma metálica estabilizada por partículas. Patente dos EUA n.º 5.281.251.

38 Akiyama *et al.* (1987) Espuma de metal e método de produção da mesma. Patente dos EUA nº 4,713,277.

39 Miyoshi, T., Itoh, M., Akiyama, S., e Kitahara, A. (1998) Aluminum *foam, ALPORAS, the production process, properties and applications,* Shinko Wire Company, Ltd, New Tech Prod. Div., Amagasaki, Japão.

40 Baumeister, J. (1988) Methods for manufacturing foamable metal bodies. Patente US 5,151,246 Yu, C.-J. e Eifert, H. (1998) Metal Foams. *Advanced Materials & Processes,*

novembro 45-47.

MEPURA. (1995) Alulight. Metallpulver GmbH. Brannau-Ranshofen, Áustria.

41 T Mukai, Kanahashi H, Miyoshi T, Mabuchi M, Nieh TG, Higashi K. Estudo experimental da absorção de energia numa espuma de alumínio de célula fechada sob carga dinâmica. Scripta Mater 1999; 40:921-7.

42 C.J. Yu, Eiferet HH, Banhart J, Baumeister J. Espumas metálicas. Adv Mater Processes (1998), 11:45-7

43 L.J. Gibson, Mechanical behavior of metallic foams (Comportamento mecânico de espumas metálicas). Annu Rev Mater Science (2000); 30:191-227.

44 F. Han, Z. Zhu, e J. Gao, Deformação Compressiva, e caraterística de absorção de energia da espuma de alumínio.MctallMater Trans. A (1998); 29:2497 - 502.

45 Bart-Smith H, Bastawros A. F. Mumm D. R., Evans A.G., Sypeck D. J. e Wadley H. N. G., Ata. Mater. 1998, 46 (10), 3583.

46 Andrews E., Sanders W. e Gibson L. J., "Compressive and tensile behavior of aluminum foams," Mater. Sci. Eng., 1999, A270, 113.

47 Dannemann KL, James Jl. High strain rate compression of closed-cell aluminum foams (Compressão de alta taxa de deformação de espumas de alumínio de célula fechada). Mater Sci Eng, A (2000); 293:157-64.

48 Hsiao HM, Daniel IM, Cords RD. Efeitos da taxa de deformação no comportamento transversal de compressão e cisalhamento de compósitos unidireccionais. J Compos Mater (1999); 33: 1620-
42.

49 Simone AE, Gibson LJ. O comportamento compressivo do cobre poroso fabricado pelo processo GASAR. J Mater Sci. (1997); 32: 451-7

50 Yamada Y, Shimojima K, Sakaguchi Y. Propriedades de compressão de SG91A A1 e AZ91 Mg de célula aberta. Mater Sci. Eng, A (1999); 272: 455-8.

51 J. J. Harrigan, S. R. Reid, e C. Peng. Inertia effects in impact energy absorbing materials and structures, Int. J. Impact Eng 22(1999), pp. 955-979

52 M.F. Ashby, L. Gibson, An Evans. Metal foams-A design guide [M]. Boston: Butterworth-Heinemann, 2000.

53 L.D. Kenny. Propriedades mecânicas da espuma de alumínio estabilizada por partículas J. Materials Science Forum, 1996, 217-222: 1883-1890.

54 V.S. Deshpande N A. Fleck, High strain rate compressive behavior of aluminum alloy foams J. International Journal of Impact Engineering, 24, 2000, 277-298.

55 J. Lankford, K.A. Dannemann, Strain rate effects in porous materials, J. Proceedings of a symposium of Material Research Society, 1998, 521: 103-108.

56 D. Ruan, G. Ju, F.L. Chen, E. Siores, o comportamento compressivo de espumas de alumínio a taxas de deformação baixas e médias J. Composite Structures, 2002, 57: 331-336.

57 A Paul U. Ramamurty Sensibilidade à taxa de deformação de uma espuma de alumínio de célula fechada J. Material Science and Engineering A, 281, 2000, 1-7

58 I. Elnasri, S. Pattofatto, H. Zhao, H. Tsitsiris, F. Hild, Y. Girard, Shock enhancement of cellular structures under impact loading: Parte I. Experimentos, J. Journal of the Mechanics and Physics of Solids, 2007, 55(12): 2652-2671.

59 H. Kanahashi, T. Mukai, Y. Yamada, K. Shimojima, M. Mabuchi, T. G. Nieh, H. Higashi, Dynamic compression of an ultra-low density aluminum foam, J. Material Science and Engineering A, 2000, 280: 349-353.

60 K.A. Dannemann, J.Lankford, High strain rate compression of closed-cell aluminum foams, J. Material Science and Engineering A, 2000, 293: 157-164.

61 T. Mukai, T. Miyoshi, S. Nakano, H. Somekawa, K. Higashi, a resposta compressiva de uma espuma de alumínio de célula fechada a uma taxa de deformação elevada, J. Scripta Materialia, 2006, 54(4): 533-537.

62 Cao Xiao-qing, Wang Zhi-hua, MA Hongwei, Zhao Long-mao, Yang Gui-tong. Efeitos do tamanho da célula nas propriedades de compressão da espuma de alumínio, J. Transacções da Sociedade de Metais Não Ferrosos da China, 2006, 16(2): 351-356.

63 M. Peroni, L. Peroni, M. Avalle, High strain-rate compression test on metallic foam using a multiple pulse SHPB apparatus, Journal de Physique IV, 2006, 134: 609-616.

64 Edwin Raj R, V. Parameswaran, BSS Daniel. Comparison of quasi-static and dynamic compression behavior of closed-cell aluminum foam, J. Materials Science and Engineering A, 2009, 526: 11-15.

65 Wang Zhi-hua, Jing Lin, Zhao Long-mao, um modelo constitutivo elasto-plástico de espuma de liga de alumínio sujeita a carga de impacto, J. Transactions of Nonferrous Metals Society of China, 2011, 21(3): 449-454.

66 K. Myers, B. Katona, P. Cortes, I. N. Orbulov: Resposta quase estática e de alta taxa de deformação de espumas sintáticas de matriz de alumínio sob compressão, *Composites: Parte A,* 79 (2015) 82-91.

67 A. Szlancsik, B. Katona, K. Majlinger, I. N. Orbulov: Comportamento compressivo e características microestruturais de uma esfera oca de ferro preenchida com espumas sintáticas de matriz de alumínio, *Materiais*, 8 (2015) 7926-7937.

68 James Cox, Dung D. Luong, Vasanth Chakravarthy Shunmugasamy, Nikhil Gupta1,*, Oliver M. Strbik e Kyu Cho Propriedades dinâmicas e térmicas da liga de alumínio A356s-1ilicon Carbide Hollow Particle Syntactic Foams *Metals* **2014**, *4*, 530-548; doi:10.3390/met4040530.

69 T. Fiedler, M. Taherishargh, L. K. Opara, M. Vesenjak: Dynamic compressive loading of expanded perlite/aluminum syntactic foam, *Materials Science & Engineering A*, 626 (2015) 296-304

70 D. Karagiozova, D.W. Shu, G. Lub, X. Xiang: Sobre a absorção de energia de materiais de espuma reforçada com tubos sob compressão quase-estática e dinâmica, *International Journal of Mechanical Sciences*, 105 (2016) 102-116.

71 Q. Gao, L. Wang, Y. Wang, C. Wang: Crushing analysis and multiobjective crashworthiness optimization of foam-filled ellipse tubes under oblique impact loading, *Thin-Walled Structures*, 100 (2016) 105-112.

72 O. Mohammad, H. Ghariblu: Otimização do comportamento de esmagamento de multi-tubos preenchidos por espuma funcionalmente graduada, *Thin-Walled Structures*, 98 (2016) 627-639.

73 C. Kilicaslan: Análise numérica do esmagamento de material corrugado preenchido com espuma de alumínio

tubos circulares simples e duplos sujeitos a uma carga de impacto axial, *Thin-Walled Structures*, 96 (2015) 82-94.

74 F. Li, G. Sun, X. Huang, J.Rong, Q.Li: Otimização robusta multiobjectivo para o projeto de resistência ao choque de estruturas de paredes finas cheias de espuma com incertezas aleatórias e de intervalo, *Engineering Structures*, 88 (2015) 111-124.

75 Z. Xiao, J. Fang, G. Sun, Q. Li: Projeto de resistência à colisão para a viga de para-choques preenchida com espuma graduada funcionalmente, *Advances in Engineering Software*, 85 (2015) 81-95.

76 S. Mohsenizadeh, R. Alipour, M. Shokri Rad, A. Farokhi Nejad, Z. Ahmad: Crashworthiness assessment of auxetic foam-filled tube under quasi-static axial loading, *Materials, and Design*, 88 (2015) 258-268.

77 M. D. Goel: Deformation energy absorption and crushing behavior of single-, double- and multi-wall foam filled square and circular tubes, *Thin-Walled Structures,* 90 (2015) 1-11.

78 Zhang, H. Zhou, L. Wu, G. Chen: Teoria do colapso por flexão de vigas de parede fina com doze secções em ângulo reto preenchidas com espuma de alumínio, *Thin-Walled Structures,*

94 (2015) 45-55.

79 Francisco Gartfa-Moreno, Aplicações comerciais de espumas metálicas: Suas Propriedades e Materiais de Produção 2016, 9(2), 85

80 Louis-Philippe Lefebvre, * John Banhart e David C. Dunand, Porous Metals and Metallic Foams: Status and Recent Developments, Adv. Engg. Mater. DOI: 10.1002/adem.200800241.

81 Comportamento de alta taxa de deformação de compósitos de poliuretano reforçados com grafeno, Sanjeev K. Khanna e Ha T. T. Phan *J. Eng. Mater. technol* 137(2), 021005 (01 de abril de 2015)

82 K.S. Vecchio e F. Jiang, "Improved pulse shaping to achieve constant strain rate and stress equilibrium in Split-Hopkinson pressure bar testing", Metallurgical and Materials Transactions A 38, 2655-2665 (2007).

83 Jingyue Wang, Zhiqiang Li, Genlian Fan, Huanhuan Pan, Zhixin Chen e Di Zhang, reforço com nanofolhas de grafeno em compósitos de matriz de alumínio, Scripta Materialia 66 (2012) 594-597

84 KANG Ying-an, ZHANG Jun-yan, TAN Jia-Cai, O comportamento compressivo de espumas de alumínio a baixas e altas taxas de deformação, J. Cent. South Univ. Technol. (2007), DOI: 10.1007s-111771-007-0269-8

85 Takeshi Hamada, Hidetaka Kanahashi, Tetsuji Miyoshi e Naoyuki Kanetake, Efeitos da taxa de deformação e da liga nas características de compressão de espumas de alumínio de célula fechada Materials Transactions, Vol. 50, N.º 6 (2009) pp. 1418 a 1425

Printed by Books on Demand GmbH, Norderstedt / Germany